高等职业教育新目录新专标电子与信息大类教材

软件项目开发

（Spring Boot）

杨智勇　廖清科　主编

王海洋　马丽宾　周　瑜　舒劲秋　杜静松　副主编

電子工業出版社

Publishing House of Electronics Industry

北京·BEIJING

内容简介

在当今Java EE开发中，Spring Boot框架以“约定优于配置”的原则极大地降低了基于Spring体系开发Web应用的难度，丰富的功能、“健壮”的性能、极高的开发与部署效率让Spring Boot框架成为主流技术。本书以基于Spring Boot框架的实际软件项目——竞赛登记管理系统的开发过程为导向，从理论到实践，全面介绍Spring Boot框架的原理和应用。全书共8个单元，内容包括竞赛登记管理系统架构设计、竞赛登记管理系统开发环境搭建、登录及跳转页面初探、竞赛登记管理系统前端与后端的数据交互、竞赛信息存取、Spring Boot安全控制、竞赛登记管理系统关键模块实现、竞赛登记管理系统部署等。所有的技术点都以实际项目为载体，通过循序渐进的方式指导读者开发完整的竞赛登记管理系统。

本书内容通俗易懂、实践性强，既可以作为Spring Boot应用开发的初学者（特别是中职、高职院校电子信息类和计算机类专业的学生）、Web应用开发者和Java应用开发者等读者的学习用书，也可以作为Java Web应用开发爱好者的参考书。

图书在版编目（CIP）数据

软件项目开发：Spring Boot / 杨智勇，廖清科主编 . —北京：电子工业出版社，2024.1

ISBN 978-7-121-47174-2

Ⅰ . ①软… Ⅱ . ①杨… ②廖… Ⅲ . ① JAVA 语言－程序设计－高等学校－教材 Ⅳ . ① TP312.8

中国国家版本馆CIP数据核字（2024）第023312号

责任编辑：贺志洪
印　　刷：天津嘉恒印务有限公司
装　　订：天津嘉恒印务有限公司
出版发行：电子工业出版社
　　　　　北京市海淀区万寿路173信箱　　邮编：100036
开　　本：787×1092　1/16　印张：12　字数：270千字
版　　次：2024年1月第1版
印　　次：2024年1月第1次印刷
定　　价：39.00元

凡所购买电子工业出版社图书有缺损问题，请向购买书店调换。若书店售缺，请与本社发行部联系，联系及邮购电话：（010）88254888，88258888。

质量投诉请发邮件至zlts@phei.com.cn，盗版侵权举报请发邮件至dbqq@phei.com.cn。

本书咨询联系方式：（010）88254609，hzh@phei.com.cn。

前言

Spring 框架在当今 Java EE 开发中占有重要地位，受制于配置文件量大、配置耗时、与第三方框架整合难等缺陷，Spring Boot 框架应运而生。Spring Boot 框架采用“约定优于配置”的思想实现了全新自动化配置解决方案，极大地降低了基于 Spring 体系开发 Web 应用的难度，从而成为 Java 开发行业中流行的开发框架，并被越来越多的企业所采用。

本书在编写过程中，深入贯彻党的二十大精神，关注大数据时代给软件开发者带来的变化和影响，以当下软件企业对 Java 工程师的实际工作能力要求为核心，以真实软件项目——竞赛登记管理系统的搭建过程为主线，将 Spring Boot 框架的相关理论知识贯穿全书，理论与实践相结合，将技术难点贯穿在各个单元之中，让读者充分了解相关理论知识点在实际项目中的用法，使读者能够快速地掌握 Spring Boot 框架的实践应用，提高 Java EE 应用程序的开发能力。

一、主要内容

本书将项目开发过程细化为 8 部分，分布到各个单元进行阐释，各个单元的具体内容如下：

单元 1 为竞赛登记管理系统架构设计，主要介绍竞赛登记管理系统用户需求的分析、竞赛登记管理系统架构的设计等内容。

单元 2 为竞赛登记管理系统开发环境搭建，主要介绍 Spring Boot 框架的相关基础知识，包括基于 IntelliJ IDEA 的 Spring Boot 环境搭建、竞赛登记管理系统关键参数的配置等内容。

单元 3 为登录及跳转页面初探，主要介绍用户登录页面的输出方式、相同 URL 下不同角色的不同首页的显示方式等内容。

单元 4 为竞赛登记管理系统前端与后端的数据交互，主要介绍竞赛信息交互格式的定义、竞赛信息的合规性校验、竞赛信息附件上传、竞赛信息流转中的异常的处理等内容。

单元 5 为竞赛信息存取，主要介绍竞赛信息持久化存储的实现、竞赛信息存取性能的提升等内容。

单元 6 为 Spring Boot 安全控制，主要介绍管理员与教职工角色认证的实现。

单元 7 为竞赛登记管理系统关键模块实现，主要介绍竞赛登记管理系统登录模块的美化、用户菜单模块的实现等内容。

单元8为竞赛登记管理系统部署，主要介绍如何将开发完成的竞赛登记管理系统发布到服务器。

二、学习建议

本书是一本突出实践的专业书籍，引导读者循序渐进地掌握Spring Boot框架的各种技术难点，对软件专业的学生或其他希望了解及从事Java开发的人员具有一定的参考意义。在学习本书内容前，读者应先了解Java SSM框架（Spring、Spring MVC、MyBatis）的使用方式，以及如何基于Vue.js框架开发前端项目。希望读者在学习本书的过程中遇到技术问题时，秉承坚持不懈的精神，持之以恒地探究问题的解决方案。

三、分工

本书由重庆工程职业技术学院杨智勇、廖清科任主编，重庆工程职业技术学院王海洋、马丽宾、周瑜、舒劲秋以及重庆市宏业科技有限公司杜静松任副主编。杨智勇负责全书整体设计、规划；内容简介、前言由杜静松编写，单元1、单元3、单元7由廖清科编写，单元5由王海洋编写，单元2、单元4由马丽宾编写，单元6、单元8由舒劲秋编写；周瑜负责统稿、课程多媒体资源维护。

四、致谢

在本书的编写过程中，编者参阅了大量的著作和文献资料，在此向相关作者表示感谢。

由于编者水平有限，书中难免存在疏漏与不足之处，敬请专家与读者批评指正。感谢您使用本书，希望本书能够为您的学习与进步提供帮助。祝愿本书的每位读者在完成本书相关内容的学习后，开发技能都能有所提高！

目录

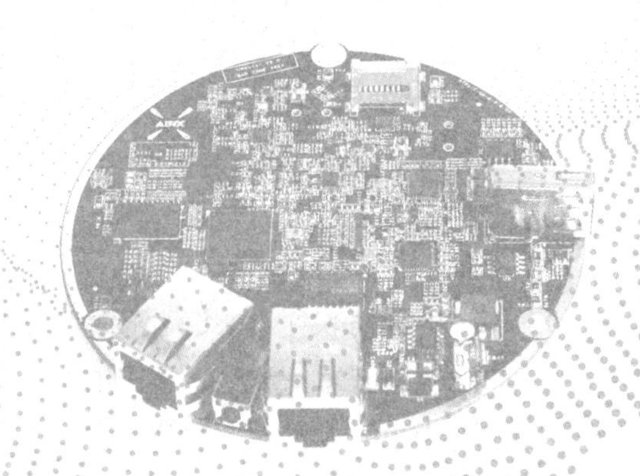

单元 1

竞赛登记管理系统架构设计

学习目标

- 了解贯穿本书所有单元实践案例的竞赛登记管理系统的基本概况，并掌握哪种业务场景适合采用 Spring Boot 框架作为技术选型。
- 能够运用软件需求分析方法编写软件需求说明书。
- 能够运用软件架构方法编写软件架构设计说明书。

任务 1.1 分析竞赛登记管理系统的用户需求

任务情境

【任务场景】

某高校教务处负责竞赛管理的老师，在每年年底都要收集并审查全校教师参与或教师指导学生参与竞赛的获奖信息，作为教师绩效考核、评优评先的数据支撑。传统的手动处理方式存在效率低下、易出错等缺点，因此该高校教务处负责竞赛管理的老师希望开发一套功能完善的竞赛登记管理系统，以提升操作效率。

【任务布置】

由于某高校教务处负责竞赛管理的老师并非软件专业背景，并且身份为客户，因此我们需要对其提出的要求进行加工、整理，形成较为规范的软件需求说明书。

知识准备

在编写软件需求说明书时，需要先研究用户要求，并完成可行性研究。软件需求说明书由软件工程师编写，它详细定义了信息流和界面、功能需求、设计要求和约束等。编写软件需求说明书的目的是构建一份用户和软件开发人员达成的技术协议书，作为着手进行设计工作的基础和依据，在软件开发完成以后，为软件产品的验收提供依据。

1.1.1 项目概述

1. 产品描述

产品描述通常用于叙述该软件的开发目的、应用群体、功能范围或其他应向用户说明的有关该软件开发的背景资料，解释被开发软件与其他有关软件之间的关系。如果本软件产品是一款独立的软件，则可以单独说明；如果所定义的产品是一个更大的系统的一个组成部分，则应说明本产品与该系统中其他各组成部分之间的联系。

2. 产品需求

1）功能需求

功能需求又称行为需求，其作用是约定软件开发人员必须在产品中完成的功能，用户基于这些功能可以实现对业务的需求。在描述功能需求时，通常使用“应该”字眼，如“当用户付款成功时，应该发送短信告知用户扣款情况”。功能需求描述了软件开发人员应该完成什么。需要注意的是，用户需求并不一定都转变为功能需求。

2）性能需求

总体来看，性能需求用于具体说明软件的静态或动态数值需求。在编写性能需求时，主要考虑以下 3 个方面的内容。

（1）精度：说明对该软件的输入与输出数据精度的要求，可能包括传输过程中的精度。

（2）时间特性要求：说明对该软件的时间特性要求，如响应时间。

（3）灵活性：说明对该软件的灵活性的要求，即当需求发生某些变化（如操作方式、运行环境、依赖的第三方软件接口的变化等）时，该软件对这些变化的适应能力。

1.1.2 用例描述

用例描述指的是用文本的方式将用例的参与者、目标、场景等信息描述出来。在编写

用例描述时，可以参考表 1-1。

表 1-1　在编写用例描述时可以参考的表格

项目	内容描述
ID	用例标识符
名称	对用例内容进行具体描述
参与者	介绍系统的参与者及参与目的
触发条件	介绍该用例如何启动，可以是系统内部或外部的事件。例如，当时间到达凌晨 1 点时，统计并更新前一天的填报数据
前置条件	用例能够正常启动和工作的系统状态。例如，当要从重庆驾车去成都时，需要先确保油箱里有足够的汽油
后置条件	在用例执行完成后，还要做哪些收尾工作

1.1.3　设计约束

软件开发人员所开发的各个软件都是为现实工作或生活服务的，所以在软件开发过程中或多或少都会存在一些约束，如部署的目标平台或现有系统的互操作性等。约束会在一定程度上影响后续软件的架构。

1. 部署的目标平台

由于部署的目标平台会影响技术选型，因此软件开发人员在着手开发前，需要先弄清所开发的软件的部署平台。例如，软件是部署在 Windows 服务器上还是 Linux 服务器上，后期支持部署的服务器操作系统的版本号是什么等。

2. 现有系统的互操作性

任何一个软件都不应该是一个“信息孤岛”，都应与单位内部的其他系统建立适当的数据关联关系。现有系统的互操作性会规定在整合已有系统时可以使用的协议和技术，如调用其他系统的接口是基于 HTTP 协议还是基于 Dubbo 协议等。

1.1.4　属性

软件需求中会包含多个属性，这些属性中需要重点关注的是可用性和安全性。

1. 可用性

可用性用于指定一些因素（如检查点、恢复和再启动等），以保证整个系统有一个确定的可用性级别。比如，当服务器重启时，软件的服务应能够完成自启动；当线上数据库发生故障时，线上数据库能够恢复到临近时间点所处的状态。

2. 安全性

安全性指的是保护软件的技术，安全性好的软件能够在一定程度上防止各种非法访问、泄密、数据变更、数据破坏等。在开发软件时，开发人员应着重考虑以下几个方面的问题。

1）用户程序安全

用户程序安全主要指明确区分系统中不同用户的权限，确定系统是否会因用户权限的改变造成混乱，以及确定用户退出系统后是否删除了所有鉴权标记等。

2）系统网络安全

对于系统网络安全，主要注意关注系统补丁，以及模拟非授权攻击，查看防护系统是否坚固。

3）数据库安全

对于数据库安全，需要注意数据库用户密码的复杂性，非必要不能将数据库访问端口打开，使之暴露于公网。

任务实施

系统需求分析

【工作流程】

编写竞赛登记管理系统的需求说明的主要流程如图 1-1 所示。

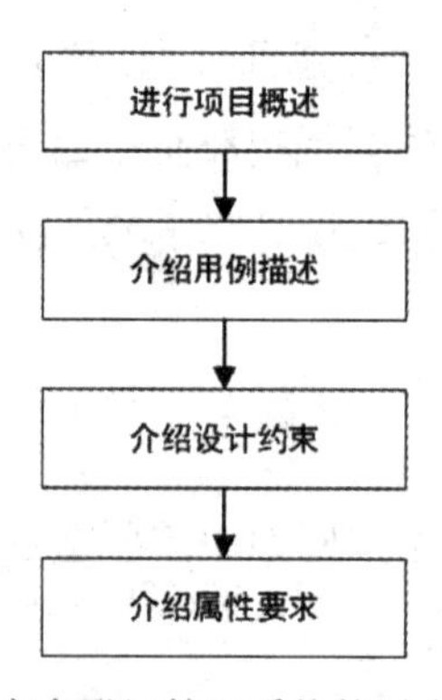

◎ 图 1-1　编写竞赛登记管理系统的需求说明的主要流程

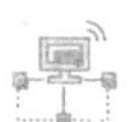

【操作步骤】

1. 项目概述

1）产品描述

对教师而言，教学与科研是两个重要的考核层面，这两个考核层面对教师们的职级晋升、绩效核算起着重要的作用。而在教学成果统计的过程中，教师指导学生参加竞赛的情况则是一项重点统计内容。教务处在对教师的竞赛成果进行统计与汇总时，通常存在统计工作量大、统计时间紧、难以避免错算和漏算等问题。因此，有必要开发一套功能完善的竞赛登记管理系统。

该系统能够为教师登记竞赛成果、二级学院审核竞赛成果、教务处审核竞赛成果提供线上操作支撑，并且能够为竞赛成果的快速查询与汇总提供便利。

该系统开发成功后，将使教师提交竞赛成果更便捷，二级学院和教务处审核竞赛成果更简单，教务处调取教师的竞赛成果更方便。

2）产品需求

（1）功能需求。经过一系列用户走访及调研，并通过可行性研究，得出竞赛登记管理系统需要实现以下功能需求：

① 教师们可以在该系统中以指定的格式填写竞赛信息，并上传获奖证书、立项申报文件、费用发放清册等附件。

② 教师们提交竞赛信息后，可以由二级学院管理员进行格式初审，以此分担一部分教务处负责竞赛管理的老师的格式核对工作量。

③ 经二级学院管理员审核通过的竞赛信息，可以由二级学院领导进行重要信息（如发放费用等）复审，以此减少与二级学院领导线下确认信息的时间。

④ 经二级学院领导审核通过的竞赛信息，可以由教务处负责竞赛管理的老师进行终审。

⑤ 竞赛信息在各个审核环节被驳回后，教师们可以重新修改信息后再提交，重走审核流程。

⑥ 教师们在填写竞赛信息时，一旦选定了竞赛种类及获奖等级，即可自动填充教师的奖励积分及赛项奖励金额。

⑦ 该系统应融入学校的智慧校园平台，免除教师们重复记忆账号和密码的麻烦。

（2）性能需求。

① 精度：由于该系统主要供教师、二级学院管理员、二级学院领导、校级管理员等角色使用，并且每年的使用周期不长，因此该系统只需满足 100 人同时在线即可确保业务的正常开展。

② 时间特性要求：该系统需要保证 90% 以上的事务在 3 秒内处理完，否则用户可能不会等待操作的正常结束。

③ 灵活性：该系统开发完成后，用户可以通过 Chrome 浏览器、火狐浏览器或国产浏览器的极速模式访问该系统，当用户使用 IE 浏览器或国产浏览器的兼容模式访问该系统时，该系统应给出引导性提示，告知用户更换合适的浏览器。

该系统在接入学校统一账号体系时采用的是单点登录方式，并且基于 OAuth 2.0 协议，后期如果该系统依赖的单点登录接口发生变化，则可以实现简便切换。

2. 相关用例描述

竞赛登记管理系统的相关用例描述如表 1-2 ～表 1-5 所示。

表 1-2　教师提交竞赛登记信息用例

项目	内容描述
ID	1
名称	教师提交竞赛登记信息
参与者	教师
触发条件	教师单击“提交”按钮
前置条件	教师完成竞赛登记信息表单上所有必填字段的填写
后置条件	将该条竞赛登记信息的状态修改为“待二级学院管理员审核”

表 1-3　二级学院管理员审核竞赛登记信息用例

项目	内容描述
ID	2
名称	二级学院管理员审核竞赛登记信息
参与者	二级学院管理员
触发条件	二级学院管理员单击“通过”或“驳回”按钮
前置条件	该条竞赛登记信息的状态为“待二级学院管理员审核”
后置条件	如果二级学院管理员单击的按钮是“通过”按钮，则将该条竞赛登记信息的状态修改为“待二级学院领导审核”，否则将该条竞赛登记信息的状态修改为“教师编辑中”

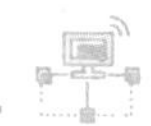

表 1-4　二级学院领导审核竞赛登记信息用例

项目	内容描述
ID	3
名称	二级学院领导审核竞赛登记信息
参与者	二级学院领导
触发条件	二级学院领导单击“通过”或“驳回”按钮
前置条件	该条竞赛登记信息的状态为“待二级学院领导审核”
后置条件	如果二级学院领导单击的按钮是“通过”按钮，则将该条竞赛登记信息的状态修改为“待校级管理员审核”，否则将该条竞赛登记信息的状态修改为“教师编辑中”

表 1-5　校级管理员审核竞赛登记信息用例

项目	内容描述
ID	4
名称	校级管理员审核竞赛登记信息
参与者	校级管理员
触发条件	校级管理员单击“通过”或“驳回”按钮
前置条件	该条竞赛登记信息的状态为“待校级管理员审核”
后置条件	如果校级管理员单击的按钮是“通过”按钮，则将该条竞赛登记信息的状态修改为“已通过”，否则将该条竞赛登记信息的状态修改为“教师编辑中”

3. 设计约束

竞赛登记管理系统部署的目标操作系统为 Windows Server 2020。

竞赛登记管理系统需要与学校统一账号体系实现登录信息交互。

4. 属性要求

1）可用性

当服务器重启时，软件的服务应能够完成自启动；当线上数据库发生故障时，线上数据库能够恢复到当天凌晨 1 点时所处的状态。

2）安全性

（1）用户程序安全：系统应明确区分普通教师、二级学院管理员、二级学院领导、校级管理员的权限，确定系统是否会因用户权限的改变造成混乱，以及确定用户退出系统后是否删除了所有鉴权标记等。

（2）系统网络安全：系统应部署于校内的服务器中；在系统后续的维护过程中，应注意关注系统补丁，以及防御模拟非授权攻击。

（3）数据库安全：对于数据库安全，应注意数据库用户密码的复杂性，非必要不能将数据库访问端口打开，使之暴露于公网。

【任务评价】

评价项目	评价依据	优秀（100%）	良好（80%）	及格（60%）	不及格（0%）
任务理论背景（20分）	清楚任务要求，解决方案清晰（10分）				
	能够正确解释软件需求说明书相关理论知识点的内容（10分）				
任务实施过程及效果（80分）	能够根据用户提出的需求独立撰写竞赛登记管理系统的软件需求说明书（80分）				

任务1.2　设计竞赛登记管理系统的架构

任务情境

【任务场景】

在动手开发软件前，软件开发人员应提前做好通盘考虑，做到“胸有成竹”，用软件工程专业的话来说，就是在开发软件前要做好软件架构。

对竞赛登记管理系统而言，如果说软件需求说明书好比“功能约定”，则架构设计说明书就好比“技术约定”。现在，我们需要完成该系统的架构设计说明书，以供软件开发人员参考和执行。

【任务布置】

根据竞赛登记管理系统的软件需求说明书，编写竞赛登记管理系统的架构设计说明书。

知识准备

软件架构设计说明书面向诸如软件开发人员、系统管理员等专业人员，用于说明软件的具体架构设计，其既是软件开发人员的工程蓝图，也是系统管理员的重要参考指南。下

面将介绍软件架构设计说明书的关键部分。

1.2.1　架构设计的目标

简而言之，架构设计的目标是解决软件的复杂性带来的问题。

很多软件在设计之初从客户那里得到的需求往往比较简单。比如，开发一个工人信息管理系统，在早期来看，该系统只需完成员工基础信息的维护功能即可，但随着工厂规模的扩大及业务的拓展，工人信息管理系统后期可能还要与公司的财务系统进行绑定，其复杂程度逐渐提升。如果该系统开始出现高耦合、低性能、难拓展等问题，就需要考虑重构了。而系统重构通常会花费很大的代价，甚至会影响业务的正常开展。因此，有必要一开始就对软件的架构进行仔细设计。

1.2.2　系统的逻辑架构

逻辑架构关注的是如何将系统分为不同模块，以及多个模块之间怎样进行数据传递。在将系统拆分为不同模块后，必须考虑这些模块之间是如何配合工作的。

在设计系统时，需考虑模块、粒度、职责、复用等一系列问题，逻辑架构图通常是由系统模型和业务概念架构推导出来的。在设计系统的逻辑架构时，考虑的主要问题就是如何对系统进行分层。

分层的原因主要有以下两点：

（1）分层设计的目的是将系统的各个功能分割到不同范围。例如，A 层可以访问 B 层，但 B 层不能访问 A 层。

（2）如果系统分层合理，则能够提升程序的灵活性，并使其扩展性更好，性能更强大。

设计分层的标准有以下 4 点：

（1）分层在某种程度上等价于进行逻辑划分。例如，经典的 MVC 模式将系统按照数据访问层、视图层、业务逻辑层进行了划分。

（2）同一个层中的各个组件应遵循“高内聚”原则。例如，数据访问层的组件只需提供与数据访问有关的操作即可，无须提供本应由其他层来提供的操作。

（3）层与层之间通过接口进行数据传递，在设计每层的接口时，要充分考虑好物理边界。

（4）将面向对象编程中的接口类型（Interface）用于定义每层的接口，能够允许开发人员创建该接口的不同实现，提高灵活性。

1.2.3 系统的物理架构

物理架构关注的是如何将“目标程序及其依赖的运行库和系统软件”部署到物理服务器中，以及如何部署机器和网络来配合软件的可靠性、可伸缩性等要求。

物理架构设计的主要目的是弄清如何部署软件和硬件，以及如何进行方案优化。

1. 硬件的部署

硬件的部署指的是系统有哪些硬件参与进来，如服务器、工控机、PC机、手机等。此外，还要考虑这些硬件之间的拓扑结构，如采用哪种网络、基于哪种总线规范等。

2. 软件的部署

针对软件的不同选型，有以下3种实施方案：

（1）如果软件为Web应用，则采用部署方式。

（2）如果软件为桌面应用，则采用安装方式。

（3）如果软件为嵌入式应用，则采用烧录方式。

3. 方案优化

在进行方案优化时，要考虑以下因素：

（1）技术可行性。

（2）经济可行性。

（3）高可用性。

（4）可维护性。

1.2.4 系统的业务流程图

系统的业务流程图用于说明整个业务的逻辑流向，它用一些规定的符号及连线来表示具体业务的处理过程。

在绘制业务流程图时应遵照业务的实际处理流程。也可以说业务流程图就是在用图形方式来记录实际业务处理过程的“流水账”，它能够帮助软件开发人员厘清和改进业务流程。

业务流程图的宗旨是用尽可能精简的图来展现系统的业务流程。因为业务流程的符号简单明了，所以有助于软件开发人员理解业务逻辑。

1.2.5　开发技术选型

在进行开发技术选型时，一定要立足于业务的实际使用需求，而不应盲目追求新技术。在进行开发技术选型时，首先应考虑系统是采用单体式部署方式还是采用分布式部署方式，然后要考虑前端和后端分别用什么开发语言进行开发，最后要确定选用哪种数据库来存储数据。

任务实施

系统架构设计

【工作流程】

进行竞赛登记管理系统的架构设计的主要流程如图 1-2 所示。

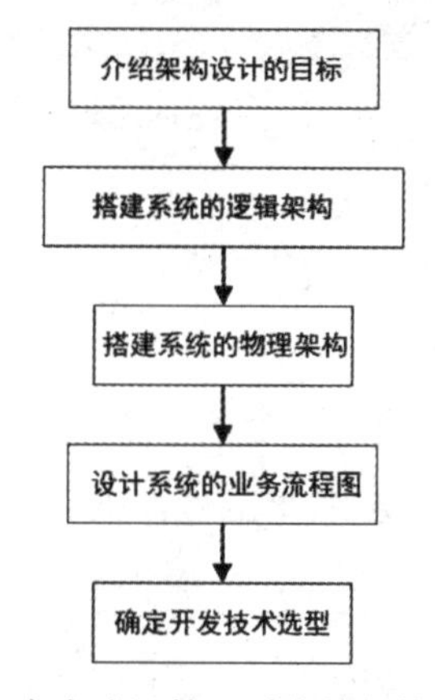

◎ 图 1-2　进行竞赛登记管理系统的架构设计的主要流程

【操作步骤】

受章节篇幅限制，这里仅简要给出进行竞赛登记管理系统架构设计的关键部分内容。

1. 架构设计的目标

对于架构设计的目标，1.2.1 节中写的是“架构设计的目标是解决软件的复杂性带来的问题”，这句话包含两层含义：其一，要认清竞赛登记管理系统到底有多复杂；其二，如何突破竞赛登记管理系统的具体复杂性。

对竞赛登记管理系统而言，由于只需提供给一个高校的部分教职工使用，并且同时在线人数在很多年以内理论上都不会超过 100，而且其业务流程相对比较简单，因此采用单体式部署方式足以应对实际业务需求，并且单体式部署方式的维护成本远低于分布式部署方式。

2. 系统的逻辑架构

系统的逻辑架构如图 1-3 所示。

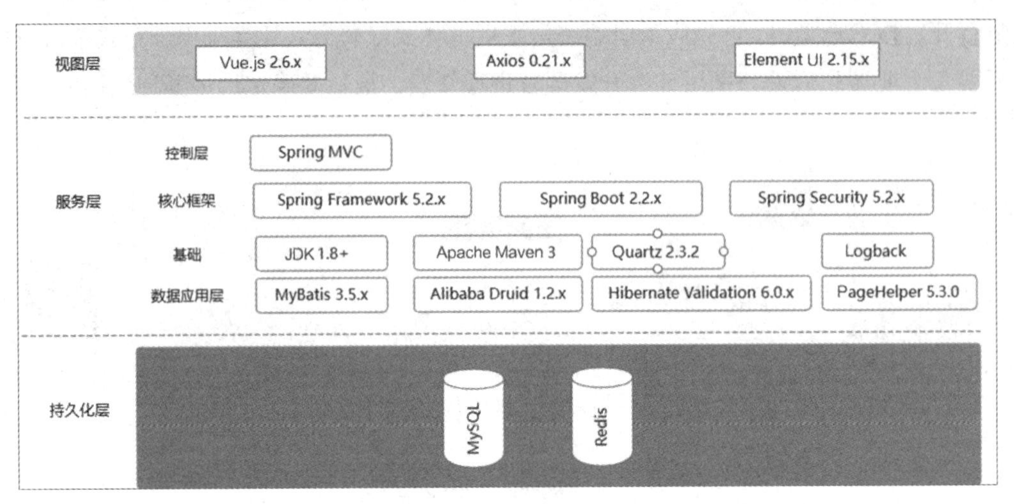

◎ 图 1-3　系统的逻辑架构

3. 系统的物理架构

1）硬件的部署方式

由于竞赛登记管理系统是某高校的一个子业务系统，因此需要将该系统部署于该高校内的网络管理中心的服务器中，考虑到安全方面的问题，该系统仅开放给学校内网中的 PC 机进行访问。

竞赛登记管理系统的网络拓扑结构如图 1-4 所示。

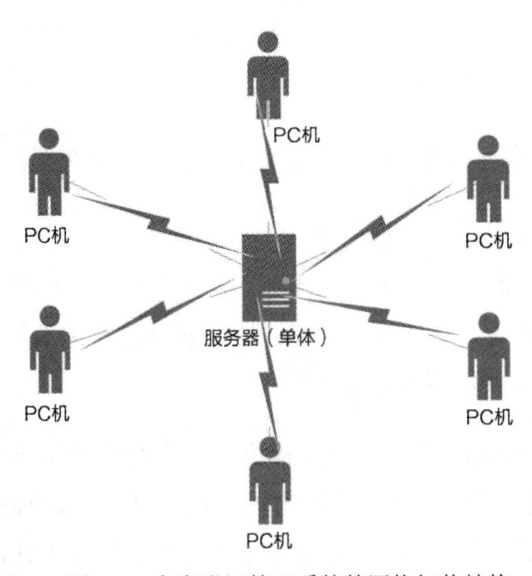

◎ 图 1-4　竞赛登记管理系统的网络拓扑结构

2）软件的部署方式

由于竞赛登记管理系统是基于Spring Boot框架开发的Web应用，因此采用JAR包部署方式。

3）方案优化策略

（1）技术可行性：软件需求说明书中给出的功能需求主要涉及数据库基本操作（如增加、删除、修改、查询等），以及文件上传与下载功能，这些需求均较为常规，并且系统对用户的并发访问量要求偏低，因此完全具备技术可行性。

（2）经济可行性：经过对软件需求说明书的梳理，并初步评估前端和后端开发及测试工作量，预计需要3名软件开发工程师联合进行20天左右的开发，经济成本基本可以接受。

（3）高可用性：由于竞赛登记管理系统通常是在每年年底使用，并且使用周期不长，因此在服务器稳定且有学校网络中心专业人员进行网络维护的条件下，该系统只需配备必要的自动重启机制即可，这样即使服务器重启，该系统也能自动恢复服务。

（4）可维护性：竞赛登记管理系统的业务需求已基本稳定，即使用户对个别功能点提出细节性的优化需求，软件开发工程师也能在较短时间内进行响应。但对于用户提出的较大范围的修改需求，应慎重考虑。

4. 系统的业务流程图

竞赛登记管理系统的核心业务——竞赛登记信息审批业务的流程如图1-5所示。

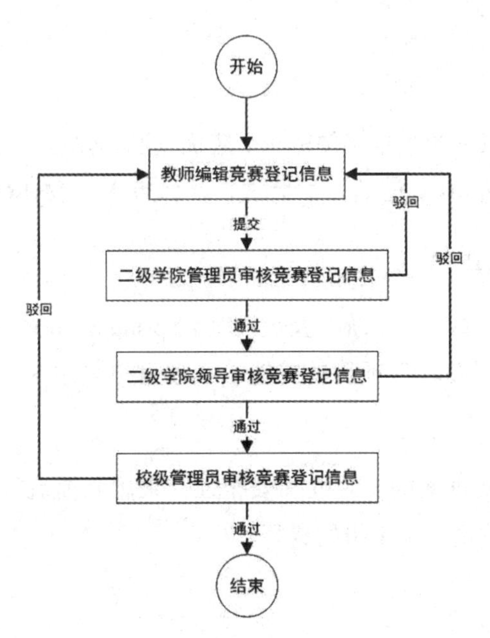

◎ 图1-5　竞赛登记信息审批业务的流程

5. 开发技术选型

对竞赛登记管理系统的开发需求而言，目前主流的开发语言都能满足其开发需求。针对项目开发团队成员的技术背景，考虑使用以下技术选型。

1）后端技术选型

本项目开发团队成员更熟悉 Java 语言，因此后端语言技术选型应优先考虑传统的 Spring+Spring MVC+MyBatis 体系或 Spring Boot。虽然这两者之间并无本质区别，但是考虑到该项目规模较小且工期较紧，因此应采用项目搭建简单、第三方插件完备的 Spring Boot 2.2 为后端技术选型。

Java Web 项目通常采用 Apache Maven 进行依赖管理，因此本项目采用 Apache Maven 3 来管理依赖。

此外，数据校验工具拟采用 Hibernate Validator 6.0，数据库连接池拟采用 Alibaba Druid 1.2。

2）前端技术选型

因为竞赛登记管理系统的工期较紧，并且项目开发团队成员擅长的领域为后端开发，所以计划优先采用 Spring Boot 官方推荐且容易上手的 Thymeleaf 模板引擎来开发前端，并基于该技术体系完成一个初级演示版交给用户。如果用户可以接受该界面风格，则继续用该技术体系来开发前端；如果用户对界面有更高要求且愿意适当延长开发周期，则视图层换用 Vue.js 2.6 来开发。

3）数据库选型

对于竞赛登记管理系统的数据存储需求，应优先选择体积小巧、安装简便、易于维护、使用免费的数据库，显然 MySQL 是不二之选，具体版本为 MySQL 5.7。

4）安全控制组件选型

每个真实软件项目都要考虑系统的安全控制。Spring Security 以其完善的认证、授权、攻击防护功能成为当下诸多软件项目的首选。本项目拟采用 Spring Security 5.2 作为安全控制组件。

为了提高开发效率及页面的美观性和安全性，采用当前流行的 Java Web 开源开发框架“若依”进行业务开发是一个不错的选择。

思政一刻

“工欲善其事，必先利其器。”我们在开始做事之前，应当妥善准备做事要用到的工具，考虑好适当的推进方案，这样才能事半功倍。比如，在开发软件之前，一定要针对软件的实际需求先确定合适的技术选型。

【任务评价】

评价项目	评价依据	优秀（100%）	良好（80%）	及格（60%）	不及格（0%）
任务理论背景（20 分）	清楚任务要求，解决方案清晰（10 分）				
	能够正确理解软件架构设计说明书相关理论知识点的内容（10 分）				
任务实施过程及效果（80 分）	能够根据软件需求说明书独立编写竞赛登记管理系统的架构设计说明书（80 分）				

总结归纳

本单元以竞赛登记管理系统开发项目为例，首先对该项目做了需求分析，需求分析主要涉及项目概述、用例描述、设计约束及属性要求，然后介绍了该项目的逻辑架构及物理架构，最后阐述了该项目的开发团队为何要采用 Spring Boot 框架作为后端技术选型。希望通过对本单元内容的学习，读者能够在实际项目开发过程中合理做好需求分析及架构设计，并确定合适的技术选型。

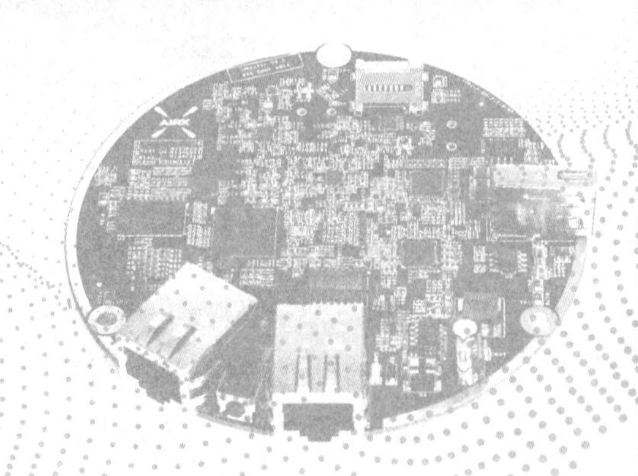

单元 2

竞赛登记管理系统开发环境搭建

学习目标

- 了解 Spring Boot 框架的基本原理、特性、主要组成，掌握 Java 开发环境的搭建与 Spring Boot 项目的初始化操作。
- 能够认识框架、使用框架，并能够对框架的参数进行配置。

任务 2.1 基于 IntelliJ IDEA 的 Spring Boot 环境搭建

任务情景

【任务场景】

Spring Boot 框架是对 Spring 框架的进一步集成，其克服了 Spring 框架中配置烦琐的弊端，大大提高了开发效率，是当前大部分项目的首选框架，本项目同样选择该框架。

对 Java 程序开发而言，IntelliJ IDEA 无疑是当下最受开发人员欢迎的开发工具之一，原因之一便是 IntelliJ IDEA 对 Spring Boot 框架的良好支持。

【任务布置】

“千里之行，始于足下。”在本单元中，我们将创建项目，并在项目中应用 Spring Boot 框架。

创建 Spring Boot 项目的方式包括 Spring Boot 官网在线 Spring Initializr 生成、IntelliJ

IDEA 商业版的 Spring Initializr 生成、Maven 命令创建生成。我们只需掌握其中一种方式，能够用其创建 Spring Boot 项目即可。

在真正开始创建 Spring Boot 项目之前，需要先确认自己计算机中是否具备 Java 基础开发环境。这里的 Java 基础开发环境指的是现在 Java 程序员所使用的主流开发工具，包含 JDK、Maven、IntelliJ IDEA 这 3 项。

首先需要配置好 Java 开发和运行环境，然后需要引入 Maven 这个项目依赖管理和构建管理工具，最后安装、配置 IntelliJ IDEA 这个 Java 集成开发工具。

在 IntelliJ IDEA 官网下载并安装 IntelliJ IDEA 集成开发环境，并使用 IntelliJ IDEA 配置 Spring Boot 开发环境。在开发环境搭建完成后，我们将在 IntelliJ IDEA 中创建一个 Spring Boot 项目来实现 HelloWorld 程序。

知识准备

2.1.1 Java 语言

Java 是 SUN（Stanford University Network，斯坦福大学网络）公司于 1995 年推出的一门高级编程语言。

Java 是一种面向 Internet 的编程语言。Java 一开始富有吸引力是因为 Java 程序可以在 Web 浏览器中运行。这些 Java 程序被称为 Java 小程序（Applet）。Applet 使用现代的图形化用户界面与 Web 用户进行交互。Applet 内嵌在 HTML 代码中。

随着 Java 技术在 Web 方面的不断成熟，Java 语言已经成为 Web 应用程序的首选开发语言。即使在 PHP、Python、Go、Node.js 等各种开发语言不断出现的当今世界，Java 语言在后端开发领域仍占据主导地位。

2.1.2 Spring 框架

Spring 框架的主要目的就是使 Java EE 开发更加容易。同时，Spring 框架之所以与 Struts、Hibernate 等单层框架不同，是因为 Spring 框架致力于提供一个连贯的体系，这个体系能够以简单、统一、高效的方式构造整个应用，并且能够以最佳的方式将其他的框架糅合在一起。可以说，Spring 框架是一个提供了更完善开发环境的框架，可以为 POJO（Plain Ordinary Java Object）对象提供企业级的服务。

1. Spring Boot

Spring 有“春天”的意思，Spring 框架给程序员带来了“春天般的感觉”，减少了程序员很多重复性的编码工作。但同时，Spring 框架繁杂的配置文件也成了让程序员头疼的一件事。尽管配置的形式从使用 XML 文件到了使用注解，后又到了使用 Java 代码，但是并没有从根本上解决配置的繁杂性问题。

可以说，Spring Boot 框架的出现真正给程序员带来了翻天覆地的变化。使用 Spring Boot 框架，程序员可以最大限度地减少非业务的代码、配置，这些非业务的工作都交给 Spring Boot 框架去完成了。

Spring Boot 官网上介绍了 Spring Boot 框架的以下特性：

（1）可以创建独立运行的 Spring 应用。Spring Boot 框架可以将该项目中所有的类和依赖包打包到一个 JAR 包内，并且能够通过“java -jar”命令运行这个 JAR 包，这样通过一个单独的 JAR 包就能使整个项目运行起来。

（2）内嵌 Web 容器。Spring Boot 框架内嵌了 Web 容器，如 Tomcat、Jetty、Undertow 等。使用 Spring Boot 框架可以免去先打包成 WAR 包再运行的烦琐过程，直接运行编译好的程序。

（3）提供 starter pom 简化 Maven 配置。Spring Boot 框架可以提供大量的 starter pom 来简化 Maven 配置，能够做到自动化配置、高度封装、开箱即用。

（4）提供大量的自动配置。Spring Boot 框架可以根据项目自动配置 Spring 框架，以简化项目的开发，开发人员也可以修改默认配置。

（5）提供生产环境级别的应用监控。Spring Boot 框架可以提供生产环境级别的监控、健康检查及外部化配置，项目在生产环境中运行无须额外添加相关模块。

（6）不需要代码生成和 XML 配置即可使用。Spring Boot 框架能达到快速使用 Spring 框架的目的，基本不需要代码生成和任何 XML 配置便可实现 Spring 框架的开箱即用。

2. Spring Boot 框架的重要模块

要学好 Spring Boot 框架，必须了解 Spring Boot 框架的重要模块。与 Spring 框架类似，Spring Boot 框架也由许多重要模块构成。下面简单介绍 Spring Boot 框架的一些重要模块。

（1）spring-boot：该模块是 Spring Boot 框架的主模块，也是支持其他模块的基础模块。

该模块提供了一个用于启动 Spring 应用程序的主类和一个非常方便的静态方法。该模块的主要功能是创建和刷新 Spring 容器的上下文。

（2）spring-boot-test：该模块是用来测试的模块，可以为应用程序的测试提供强大的测试框架。

（3）spring-boot-test-autoconfigure：该模块可以为 spring-boot-test 模块提供自动配置。

（4）spring-boot-autoconfigure：Spring Boot 框架相对于 Spring 框架的主要优势就是配置极少，而这是由 spring-boot-autoconfigure 模块实现的。当然，开发人员也可以自定义配置和覆盖 Spring Boot 框架的自动配置。

（5）spring-boot-cli：Spring Boot 框架提供了命令行工具，即 spring-boot-cli，它能够帮助开发人员快速构建 Spring Boot 项目。开发人员只需编写简单的 Groovy 脚本，便可用最少的代码构建并运行一个完整的 Spring Boot 项目。

（6）spring-boot-starters：该模块是所有 Starter 启动器的基础依赖，主要包括一系列常用组件依赖。应用该模块可以一站式开发 Spring 应用，不需要开发人员花费大量时间去寻找依赖和示例配置代码。

（7）spring-boot-devtools：该模块是开发人员工具模块，这个模块主要为 Spring Boot 项目的开发阶段提供一些便利，当修改了代码时，该模块会自动重新启动应用程序。该模块的功能是可选的，但是仅限于本地开发阶段。当运行整个软件包时，这些功能将被禁用。

（8）spring-boot-actuator：该模块是 Spring Boot 框架提供的执行端点，开发人员可以使用该模块更好地监视应用程序并与之交互。该模块可以提供健康端点、环境端点、Spring Bean 端点等。

（9）spring-boot-actuator-autoconfigure：该模块可以为 spring-boot-actuator 模块提供自动配置。

2.1.3　Spring Boot 项目的环境搭建

接下来开始动手实践一个 Spring Boot 项目。首先要确保自己的计算机上已经安装好了 JDK、Maven、IntelliJ IDEA 这 3 个开发工具，并对环境变量做了配置。相信大部分读者在学习本书内容之前已经完成了上述工作，如果尚未完成这些工作，则可以通过自行查找资料或扫描右侧的二维码来完成安装和配置。

任务实施

实现 Spring Boot 项目的环境搭建

【工作流程】

使用 IntelliJ IDEA 创建 Spring Boot 项目的主要流程如图 2-1 所示。

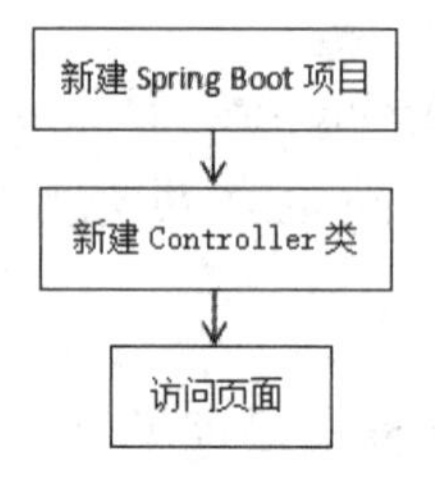

◎ 图 2-1　创建 Spring Boot 项目的主要流程

【操作步骤】

1. 新建 Spring Boot 项目

现在开始使用 IntelliJ IDEA 创建一个 Spring Boot 项目，这个项目用来输出大家所熟悉的 Hello World。

打开 IntelliJ IDEA，选择“文件”→“新建”→“项目”命令，打开“新建项目”对话框，如图 2-2 所示。在该对话框的左侧选择“Spring Initializr”选项，在右侧输入或选择合适的内容。在“名称”文本框中输入要新建的 Spring Boot 项目的名称，在“位置”文本框中输入要新建的 Spring Boot 项目的代码所保存的位置，在“语言”选区中选择要新建的 Spring Boot 项目的开发语言，在“类型”选区中选择要新建的 Spring Boot 项目的项目构建管理工具，在“组”文本框中输入要新建的 Spring Boot 项目开发人员所在组织的标识，在“工件”文本框中输入要新建的 Spring Boot 项目在组织内的标识，在“项目 SDK”下拉列表中为要新建的 Spring Boot 项目选择指定的 SDK，在“Java”下拉列表中为编译指定一个 SDK 版本，在“打包”选区中选择打包形式（JAR 包或 WAR 包）。

单击“下一步”按钮，在进入的界面中选择 Spring Boot 框架的版本号和 Spring Boot 项目的启动依赖项，如图 2-3 所示。“依赖项”列表框中按照大的分类列出了所用的启动依赖项，本项目是一个包含前端和后端的 Web 项目，因此“Spring Web”选项为必选项。

单击“完成”按钮，IntelliJ IDEA 开始创建 Spring Boot 项目。此时可以在工作区中看到创建好的 demo 项目，Spring Boot 项目结构如图 2-4 所示。其中，pom.xml 文件是 Maven 用来管理项目的关键文件，刚才在创建项目时所设置的项目名称、配置项值及选择的依赖项都会在该文件中有所体现。

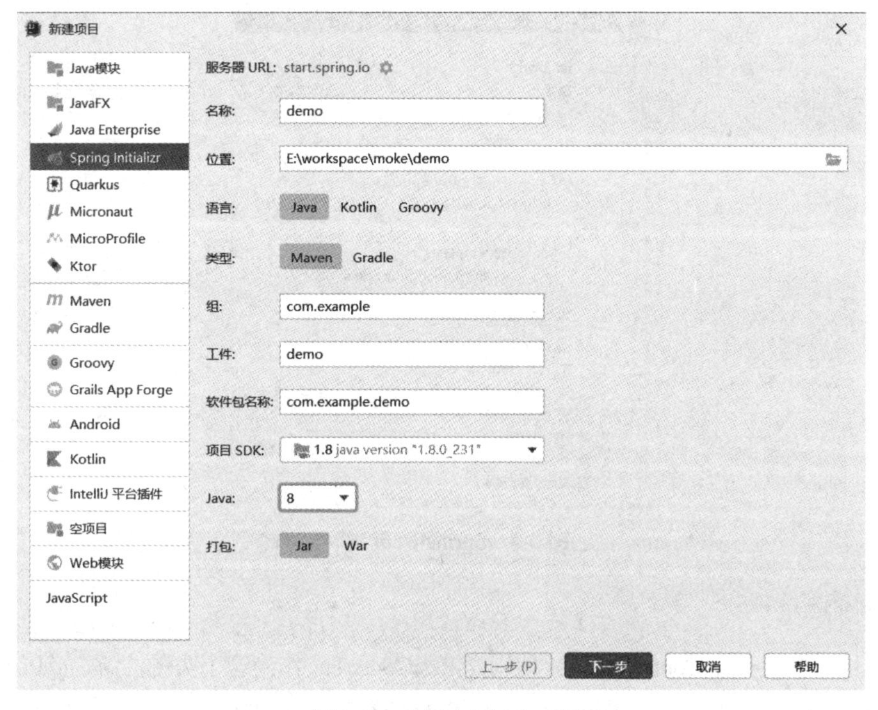

◎ 图 2-2 “新建项目”对话框

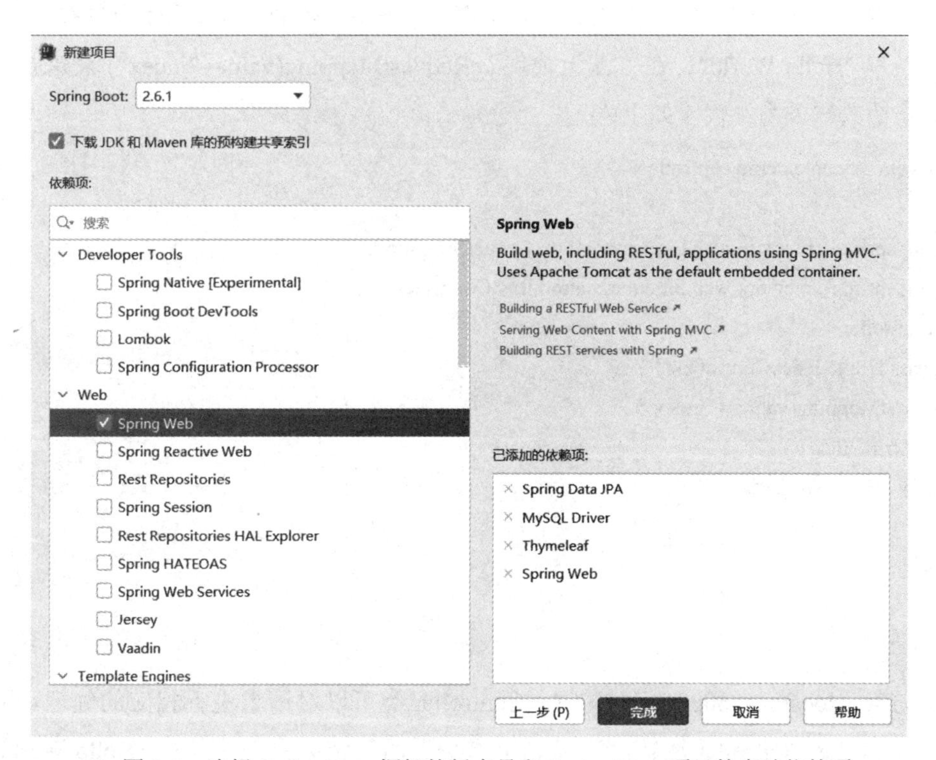

◎ 图 2-3 选择 Spring Boot 框架的版本号和 Spring Boot 项目的启动依赖项

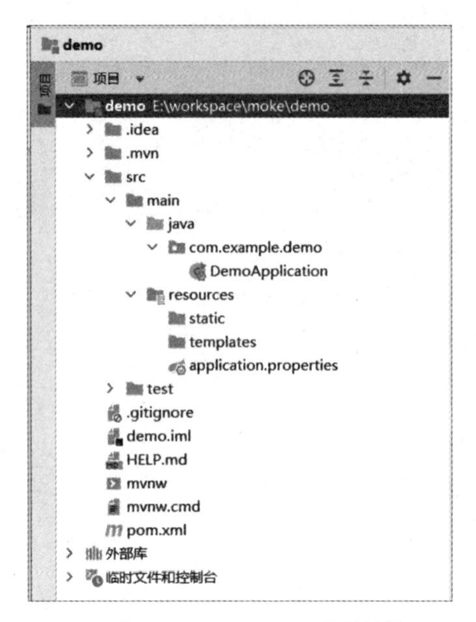

图 2-4　Spring Boot 项目结构

2. 新建 Controller 类

在项目中新建一个 Controller 类，使用 @RestController 作为这个类的注解。@RestController 注解是 @Controller 注解和 @ResponseBody 注解的替代，而 @ResponseBody 注解表示返回的结果是数据而非页面。在 Controller 类中新建一个方法，该方法的方法体中只有一行代码，返回字符串 "Hello World"。在方法上使用 @RequestMapping(value="index") 来建立访问路径和方法的关联关系。代码如下：

```
package com.example.demo.controller;

import org.springframework.web.bind.annotation.RequestMapping;
import org.springframework.web.bind.annotation.RestController;
@RestController
public class Home IndexController{
  @RequestMapping(value = "index")
  public String index() {
    return "Hello World" ;
  };
}
```

3. 访问页面

当访问“localhost:8080/index”时，Controller 类可以对请求进行相应的处理。因为前面使用了 @RestController 注解，所以这个方法返回的结果只是字符串 "Hello World"，如图 2-5 所示。

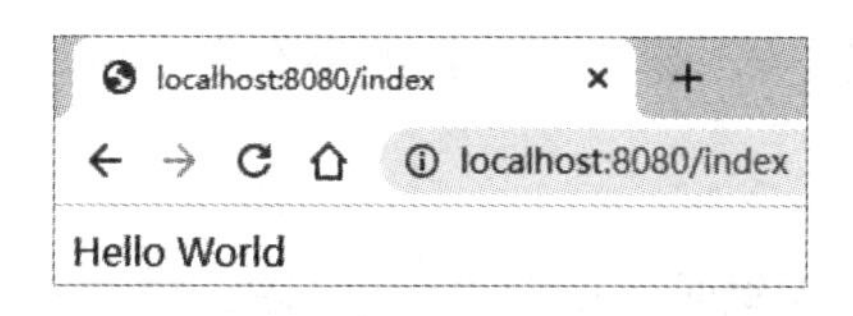

◎ 图 2-5　成功显示 Hello World

【任务评价】

评价项目	评价依据	优秀（100%）	良好（80%）	及格（60%）	不及格（0%）
任务理论背景（20 分）	清楚任务要求，解决方案清晰（10 分）				
	能够正确理解 Spring Boot 框架的基本原理、特性等理论知识（10 分）				
任务实施过程及效果（80 分）	能够按照任务实施的操作步骤正确创建并运行 Spring Boot 项目（80 分）				

任务 2.2　配置竞赛登记管理系统的关键参数

任务情境

【任务场景】

在软件的开发、运行过程中，我们强调软件的可配置性，因为这对提高软件的灵活性、复用性很有帮助，可以减少程序员对代码的反复修改。Spring Boot 框架为开发人员生成了配置文件，即 application.properties 文件。

【任务布置】

在本任务中，我们将对竞赛登记管理系统应用的 Spring Boot 框架进行相应的配置。

知识准备

Spring Boot 框架有两种配置参数的方式：一种是使用 application.properties 文件进行配置，另一种是使用 YAML 文件进行配置。这两种配置方式有着各自的优劣之处。

在使用 application.properties 文件进行配置时的写法是一行表示一个配置项内容，通过等号“=”将属性名和值隔开。配置项名称如果有多个层级，则每个层级在每个配置项中都需要依次完整地写出来。

在使用 YAML 文件进行配置时使用缩进表示层级关系，相同层级的元素保持左对齐。值和属性名之间使用冒号“:”隔开，值和冒号之间也要有空格。在使用 YAML 文件进行配置时必须严格遵守 YAML 的基本语法，否则会有意想不到的错误。

在 Java Web 中有很多日志框架，Logback 是性能最高的日志框架，Spring Boot 框架默认使用 Logback 日志。在一般默认情况下，Spring Boot 框架会利用 Logback 记录日志。

在一般默认情况下，即使不进行任何额外配置，Spring Boot 框架也会利用 Logback 记录日志。其默认的格式包含时间日期、日志级别、进程 ID、分隔符、线程名、Logger 名称、日志内容等。

Spring Boot 框架具有一个强大的功能，即它可以根据添加到类路径的 JAR 依赖项自动配置应用程序。在创建 Spring Boot 项目之后，即便不进行任何操作，不需要各种配置文件，项目也能够运行，这就是 Spring Boot 框架的自动化配置。

任务实施

配置 Spring Boot 项目参数

【工作流程】

配置 Spring Boot 项目参数的主要流程如图 2-6 所示。

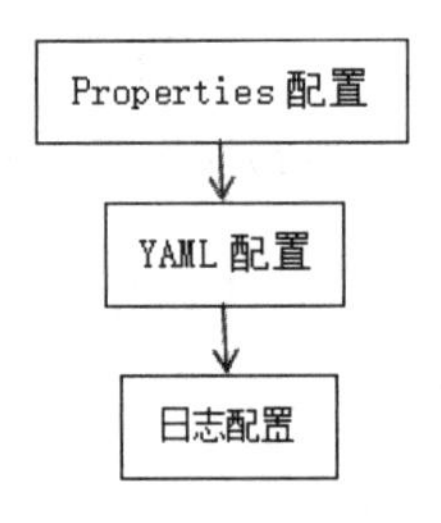

图 2-6　配置 Spring Boot 项目参数的主要流程

【操作步骤】

1. Properties 配置

创建完成的 Spring Boot 项目中会包含 application.properties 文件，该文件在 src/main/resource 下。打开 application.properties 文件，在该文件中配置应用名称、内置服务器的访问端口号、编码格式等，如下所示：

```
# 应用名称
spring.application.name=springboot-demo
# 内置服务器的访问端口号
server.port=8080
# 编码格式
server.tomcat.uri-encoding=utf-8
# 数据库相关配置
spring.datasource.driver-class-name=com.mysql.cj.jdbc.Driver
spring.datasource.url=jdbc:mysql://localhost:3306/moke
spring.datasource.username=root
spring.datasource.password=123456
# session 的生命周期
server.servlet.session.timeout=30m
```

在该配置文件中，我们配置了 Spring Boot 项目的名称为 springboot-demo，内置服务器的访问端口号为 8080，服务器的编码格式为 utf-8。同时配置了数据库驱动为 com.mysql.cj.jdbc.Driver，数据库的标识为 jdbc:mysql://localhost:3306/moke，数据库的用户名为 root，密码为 123456。另外，还配置了 session 的生命周期，超过 30m 则 session 失效。

2. YAML 配置

我们可以直接将 application.properties 文件的后缀名修改为 .yml，或者复制、粘贴一份 application.properties 文件并设置其后缀名为 .yml。打开该文件，即可编写相应的配置，如下所示：

```
# 开发环境配置
server:
    # 服务器的 HTTP 端口，默认为 8080
    port: 8080
    servlet:
        # 应用的访问路径
        context-path: /
    tomcat:
        # Tomcat 服务器的 URI 编码
        uri-encoding: UTF-8
        # Tomcat 服务器的最大线程数，默认为 200
        max-threads: 800
        # Tomcat 服务器启动时的初始化的线程数，默认为 25
        min-spare-threads: 30
```

使用不同的缩进代表不同的层级关系，上述配置都属于 server 层级下（即对开发的服务器进行配置），保持默认的服务器端口号 8080。配置项目的访问路径为“/”；配置

Tomcat 服务器的编码为 UTF-8；配置 Tomcat 服务器的最大线程数为 800，默认为 200；配置 Tomcat 服务器启动时的初始化的线程数为 30，默认为 25。初学者可以仅对 Tomcat 服务器的 URI 编码进行设置。

3. 日志配置

Logback 框架是目前的一个主流日志框架，其采用 XML 文件进行配置。该文件中的配置如下：

```
<?xml version="1.0" encoding="UTF-8"?>
<configuration>
    <!-- 日志的存放路径 -->
    <property name="log.path" value="/home/ruoyi/logs" />
    <!-- 日志的输出格式 -->
    <property name="log.pattern" value="%d{HH:mm:ss.SSS} [%thread] %-5level %logger{20} -
[%method,%line] - %msg%n" />

    <!-- 控制台日志输出配置 -->
    <appender name="console" class="ch.qos.logback.core.ConsoleAppender">
    <encoder>
    <pattern>${log.pattern}</pattern>
    </encoder>
    </appender>
    <!-- 日志文件输出配置 -->
    <appender name="file_info" class="ch.qos.logback.core.rolling.RollingFileAppender">
    <file>${log.path}/sys-info.log</file>
    <!-- 循环政策：基于时间创建日志文件 -->
    <rollingPolicy class="ch.qos.logback.core.rolling.TimeBasedRollingPolicy">
    <!-- 日志文件名格式 -->
    <fileNamePattern>${log.path}/sys-info.%d{yyyy-MM-dd}.log</fileNamePattern>
    <!-- 日志文件保存的最大天数 -->
    <maxHistory>60</maxHistory>
    </rollingPolicy>
    <encoder>
    <pattern>${log.pattern}</pattern>
    </encoder>
    <filter class="ch.qos.logback.classic.filter.LevelFilter">
    <!-- 过滤的级别 -->
    <level>INFO</level>
    <!-- 匹配时的操作：接收（记录） -->
    <onMatch>ACCEPT</onMatch>
```

```
    <!-- 不匹配时的操作：拒绝（不记录） -->
    <onMismatch>DENY</onMismatch>
    </filter>
    </appender>

    <!-- 此处省略部分配置 -->

</configuration>
```

在使用 XML 文件对日志文件进行配置时，需要严格遵守 XML 格式规范。

最外层标签 <configuration> 表明进行配置，接下来配置日志的存放路径（这里设置日志的存放路径为 /home/ruoyi/logs）、配置日志的输出格式（如指定日志的输出格式为：时、分、秒、毫秒、线程、日志内容等）、配置控制台日志输出和日志文件输出两种日志输出形式，在日志文件输出配置中，将时间作为日志文件的名称，设置日志文件保存的最大天数为 60 天。

产生的日志如图 2-7 所示。

```
tomcat.TomcatWebServer    : Tomcat started on port(s): 8080 (http) with context path ''
DemoApplication           : Started DemoApplication in 2.545 seconds (JVM running for 3.719)
```

◎ 图 2-7　产生的日志

4. Spring Boot 自动配置

Spring Boot 框架提供了很多自动配置，如自动配置了视图解析器、自动注册了大量的转换器和格式化器、提供 HttpMessageConverter 对请求参数和返回结果进行处理等。既然 Spring Boot 框架进行了自动配置，就不需要开发人员再来考虑这些配置的编写了。当然，如果自动配置不符合要求，则肯定需要开发人员手动配置来完成实际配置。

【任务评价】

评价项目	评价依据	优秀（100%）	良好（80%）	及格（60%）	不及格（0%）
任务理论背景（20 分）	清楚任务要求，解决方案清晰（10 分）				
	能够正确理解 Spring Boot 框架的常用配置项、配置方式、配置原理等理论知识（10 分）				
任务实施过程及效果（80 分）	能够根据项目实际需要对 Spring Boot 项目的参数进行配置（80 分）				

总结归纳

本单元介绍了如何创建一个 Spring Boot 项目，并以较少的代码让这个项目运行起来。同时，本单元还介绍了如何配置 Spring Boot 项目的参数。通过本单元中任务 2.1 和任务 2.2 的实践，相信读者对如何在项目中引入 Spring Boot 框架及如何配置 Spring Boot 项目的参数有了初步的认识，这将为后续的学习打下初步的基础。

思政一刻

Java 语言进入 Web 开发领域后，先后经历了 Servlet、JSP、Spring、Spring Boot 等技术占主流的时代。未来也许还会有更加先进的技术出现，这一方面会帮助开发人员提高工作效率，另一方面也要求开发人员保持技术敏感性，树立终生学习的意识，不断学习，提高自身技能。

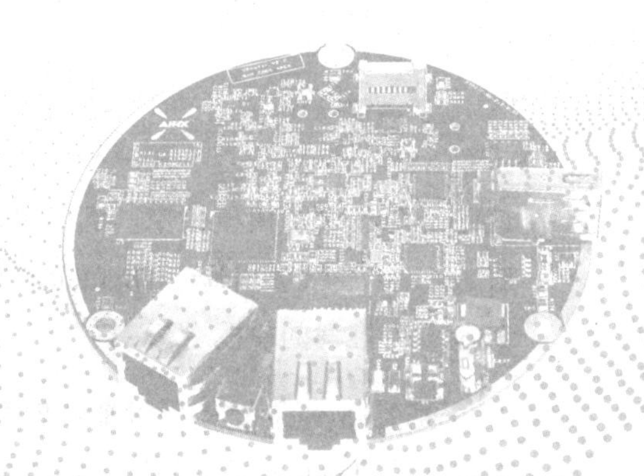

单元 3

登录及跳转页面初探

学习目标

- 掌握在 Spring Boot 项目中使用 Thymeleaf 模板引擎的方法。
- 能够运用 Thymeleaf 模板引擎输出静态页面。
- 能够运用 Spring Boot 项目结合 Thymeleaf 模板引擎输出含有动态数据的页面。
- 能够运用 Thymeleaf 模板引擎结合 Java 实体类实现简单程序设计。

任务 3.1 输出用户登录页面

任务情境

【任务场景】

Spring Boot 框架默认只能输出字符串数据，而仅靠输出字符串是无法满足用户对软件的使用需求的。

【任务布置】

为了提升用户对软件的使用体验，需要给用户呈现一个完整的操作页面。首先，基于 Spring Boot 官方推荐的 Thymeleaf 模板引擎构建竞赛登记管理系统的静态登录页面。

知识准备

在基于 Spring Boot 框架开发网页操作页面时，需要引入模板引擎来实现数据展示。模板引擎是为了实现用户界面与业务数据的分离而产生的，模板引擎可以生成特定格式的 HTML 文档供浏览器渲染。模板引擎的种类繁多，早期 Java Web 开发中使用的 JSP 技术就是一个经典的模板引擎，随着 Web 开发技术的发展，又陆陆续续出现了 FreeMarker、Thymeleaf 等模板引擎。Thymeleaf 模板引擎以其容易配置、开发快速等特性成为 Spring Boot 官方推荐的模板引擎。

通过 Thymeleaf 模板引擎的配置项可以对 Thymeleaf 模板引擎的相关运行参数进行配置。在 application.yml 文件中，可以配置 Thymeleaf 模板引擎的配置项。下面对 Thymeleaf 模板引擎的配置项进行介绍。

（1）spring.thymeleaf.cache：该配置项用于控制 Thymeleaf 模板缓存（默认为 true），开发中为了方便调试，应将该配置项的值设置为 false，上线稳定后应改为 true，以提高系统响应速度。

（2）spring.thymeleaf.prefix：该配置项用于在构建 URL 时预先查看名称前缀，一般将该配置项的值设置为模板文件位置，如配置文件中的“spring.thymeleaf.prefix=classpath:/templates/”。

（3）spring.thymeleaf.suffix：该配置项用于表示页面后缀的格式，如配置文件中的“spring.thymeleaf.suffix=.html”表示页面后缀是 html 格式。

（4）spring.thymeleaf.mode：该配置项用于配置应用于模板的样式，一般将该配置项的值设置为 HTML5。

（5）spring.thymeleaf.encoding：该配置项用于配置模板编码格式，一般与模板文件的编码格式保持一致，如在配置文件中使用的编码格式是 UTF-8。

任务实施

在 Spring Boot 项目中整合 Thymeleaf 模板引擎

【工作流程】

在 Spring Boot 项目中整合 Thymeleaf 模板引擎的主要流程如图 3-1 所示。

图 3-1 所示的流程主要包括以下 5 个关键点。

1. 添加 Maven 依赖

在 pom.xml 文件中添加 Maven 依赖，代码如下：

```
<dependencies>
// 其他依赖
<!-- 通过添加 Maven 依赖的方式引入 Thymeleaf 模板引擎 -->
<dependency>
```

```
    <groupId>org.springframework.boot</groupId>
    <artifactId>spring-boot-starter-thymeleaf</artifactId>
</dependency>
// 其他依赖
</dependencies>
```

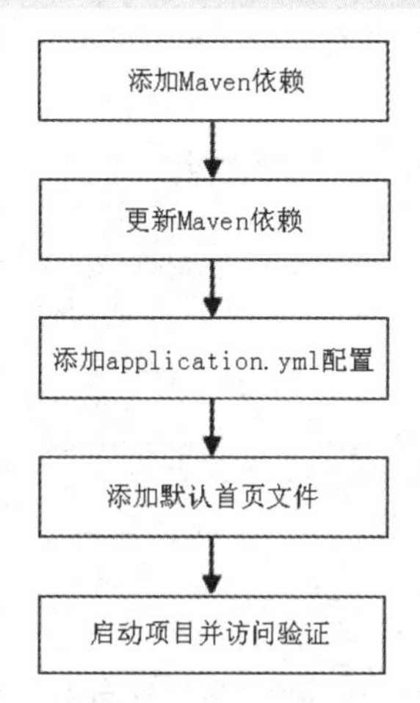

◎ 图 3-1　在 Spring Boot 项目中整合 Thymeleaf 模板引擎的主要流程

2. 更新 Maven 依赖

在 IntelliJ IDEA 中添加依赖后，单击页面右上角的刷新按钮，IntelliJ IDEA 将会自动把依赖下载到本地环境中。

3. 添加 application.yml 配置

在 application.yml 文件中添加以下配置，可以进行代码格式的指定。

```
spring:
 thymeleaf:
  enabled: true
  encoding: utf-8
  prefix: classpath:/templates/
  cache: false
  mode: HTML
  suffix: .html
```

4. 添加默认首页文件

找到项目中的 src/main/resources/templates 目录，在该目录中创建一个名称为“index.html”的默认首页文件，该文件的内容如下：

```
<!DOCTYPE html>
```

```
<!-- 注意：引入 Thymeleaf 模板引擎的名称空间 -->
<html lang="en" xmlns:th="http://www.thymeleaf.org">
<head>
  <meta charset="UTF-8">
  <meta name="viewport"
        content="width=device-width, user-scalable=no, initial-scale=1.0, maximum-scale=1.0, minimum-scale=1.0">
  <meta http-equiv="X-UA-Compatible" content="ie=edge">
  <title>Document</title>
</head>
<body>
  <p th:text="'hello Spring Boot'">hello thymeleaf</p>
</body>
</html>
```

5. 启动项目并访问验证

单击 IntelliJ IDEA 右上方工具栏中的三角箭头按钮，如图 3-2 所示，即可启动项目。

◎ 图 3-2　项目启动方式

在项目启动成功后，可以通过浏览器访问“http://localhost:8080/”来验证 Thymeleaf 模板引擎是否整合成功。如果整合成功，则运行结果如图 3-3 所示。

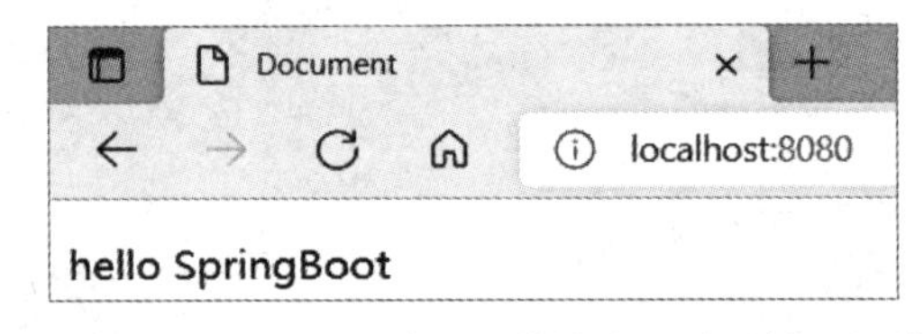

◎ 图 3-3　Thymeleaf 模板引擎整合成功后的运行结果

【操作步骤】

首先，编写构建竞赛登记管理系统的静态登录页面需要用到的静态 HTML 代码。代码如下：

```
<html>
<head>
  <meta charset="UTF-8">
```

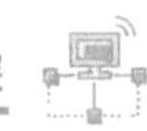

```
  <title> 用户登录 - 竞赛登记管理系统 </title>
  <meta charset="UTF-8"/>
   <meta name="viewport" content="width=device-width, initial-scale=1"/>
  <link href="../static/bootstrap/css/bootstrap.css" rel="stylesheet"/>
  <link href="../static/bootstrap/css/bootstrap-theme.css"
      rel="stylesheet"/>
  <script src="../static/scripts/jquery-3.6.0.min.js"></script>
  <script src="../static/bootstrap/js/bootstrap.js"></script>
  <style>
    .container {margin-top: 15%; width: 35%;}
    .btn-primary {background-color: #337ab7; border-color: #337ab7;}
    .form-control {margin-bottom: 4px;}
  </style>
</head>
<body>
<div class="container">
  <form>
    <div class="form-signin">
      <h2 class="form-signin-heading" align="center">
       竞赛登记管理系统登录 </h2>
      <label for="InputUsername" class="sr-only"> 用户名 </label>
      <input type="text" class="form-control" id="InputUsername"/>
      <label for="InputUsername" class="sr-only"> 密码 </label>
      <input type="password" class="form-control" id="InputPassword"/>
      <div class="checkbox">
      <label> <input type="checkbox"> 记住密码 </label>
      </div>
      <button class="btn btn-lg btn-primary btn-block" type="submit"> 登录 </button>
    </div>
  </form>
</div>
</body>
</html>
```

静态 HTML 代码编写完成后，接下来编写后端代码。

在 Controller 类中新增一个 login() 方法，该方法的主要功能是接收 URL 请求并进行响应，其关键代码段如下：

```
@GetMapping("login")
  public String login() {
```

```
        return "login";
    }
```

最后运行以上代码，通过浏览器访问“http://localhost:8080/login”（Sprint Boot 项目本地启动时，通常默认使用 8080 端口），即可看到如图 3-4 所示的运行结果。

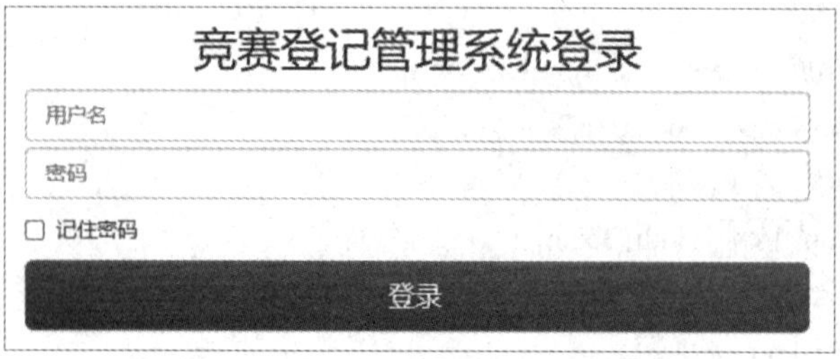

◎ 图 3-4　程序运行结果

【任务评价】

评价项目	评价依据	优秀（100%）	良好（80%）	及格（60%）	不及格（0%）
任务理论背景（20 分）	清楚任务要求，解决方案清晰（10 分）				
	能够正确解释 Thymeleaf 的配置项的相关内容（10 分）				
任务实施准备（30 分）	能够在 Spring Boot 项目中正确整合 Thymeleaf 模板引擎，IntelliJ IDEA 不报错（15 分）				
	在项目启动成功后，能看到如图 3-3 所示的运行结果（15 分）				
任务实施过程及效果（50 分）	完成竞赛登记管理系统的静态登录页面，能看到如图 3-4 所示的运行结果（50 分）				

任务 3.2　在相同 URL 下显示不同角色的不同首页

任务情境

【任务场景】

通过完成任务 3.1，我们已经学到了如何使用 Thymeleaf 模板引擎在 Spring Boot 项目中输出静态页面，但是，对一个完整的登录过程而言，仅显示一个静态登录页面是不完整

的。即使仅站在视图界面的角度，我们仍需要完善各个角色登录成功后跳转的页面。

【任务布置】

在制作登录成功后跳转的页面时，需要使用 Thymeleaf 模板引擎解决以下 4 个功能需求：

（1）用户登录成功后在跳转页面的右上角能看到自己的用户名和角色名（角色名包括“校级管理员”、“院系管理员”和“教职工”）。

（2）校级管理员、院系管理员和教职工角色登录成功后跳转的页面虽然 URL 相同，但是跳转后的页面显示的内容不同。

（3）教职工角色登录成功后跳转的页面为竞赛信息登记表单，表单页面需要提供“保存”与“提交”按钮。

（4）校级管理员和院系管理员角色登录成功后跳转的页面中展示的是竞赛登记管理系统中所有教师已提交的竞赛登记信息。

知识准备

Thymeleaf 模板引擎可以支持在前端页面中通过编写逻辑代码来动态加载数据。我们在前端代码中运用到了 Thymeleaf 模板引擎表达式，下面介绍 Thymeleaf 模板引擎的基本语法和常用标签。

3.2.1　标准变量表达式

标准变量表达式“${}”用于获取上下文中的变量值，示例代码如下：

```
<div th:text="' 你是否读过，'+${session.book}+'!!'"> <div>
```

在上述示例代码中，“${}”用来动态获取 session.book 中的内容，如果当前上下文中不存在 session.book 变量，则会显示默认值。

3.2.2　选择变量表达式

选择变量表达式“*{}”的用法与标准变量表达式的用法类似，不过选择变量表达式需要预先选择对象来代替上下文变量容器执行。示例代码如下：

```
<p>Name: <span th:text="*{firstName}">Sebastian</span>.</p>
```

3.2.3 消息表达式

消息表达式“#{}”用于从消息源中提取消息内容实现国际化（“国际化”指软件开发应当具备支持多种语言和地区的功能，也就是页面具备切换页面显示语言的能力）。示例代码如下：

```
<p th:utext="#{home.welcome}">Welcome to our grocery store!</p>
```

3.2.4 链接表达式

链接表达式“@{}”一般用于网页页面跳转或 HTML 资源引入，在 Web 开发中使用非常频繁。示例代码如下：

```
<a th:href="@{http://localhost:8080/TestThymeleaf}"> 项目路径 </a>
```

3.2.5 片段表达式

片段表达式“~{}”是用来将标记片段移动到模板中的方法，常用方法是使用 th:insert 或 th:replace 标签插入标记片段。示例代码如下：

```
<p th:insert="~{thymeleafDemo::tittle}"></p>
```

3.2.6 th:标签的使用

在本任务前端代码的编写过程中，出现了很多带“th:”的标签，常用的 th: 标签如表 3-1 所示。

表 3–1　常用的 th:标签

th:标签	说明	示例代码
th:onclick	单击事件	th:onclick="'getCollect()'"
th:style	设置样式	th:style="'display:'+ @{(${sitrue} ? 'none' : 'inline-block')} + ''"
th:if	条件判断，如果为真	<div th:if="${rowStat.index}==0">...do ...</div>
th:unless	条件判断，如果为假	<a th:href="@{/login}" th:unless=${session.user!=null}>Login</a>
th:switch	条件判断，进行选择性匹配	<div th:switch="${user.role}">
th:case	条件判断，进行选择性判断	<p th:case="'admin'">User is an administrator</p>
th:attr	通用属性修改	th:attr="src=@{/image/aa.jpg},title=#{logo}"

续表

th:标签	说明	示例代码
th:value	属性值修改，指定标签属性值	<input id="msg" type="hidden" th:value="${msg}" />
th:href	用于设定链接地址	<a th:href="@{/logout}" class="signout"></a>
th:src	用于设定资源地址	<script th:src="@{/resources/js/jquery/jquery.json-2.4.min.js}"
th:text	用于指定标签显示的文本内容	<td class="text" th:text="${username}" ></td>
th:utext	用于指定标签显示的文本内容，对特殊标签不转义	<p th:utext="${htmlcontent}">conten</p>
th:fragment	声明片段	<div th:fragment="copy" > © 2011 The Good Thymes Virtual Grocery </div>
th:remove	移除片段	<tr th:remove="all">
th:object	用于表单数据对象绑定	<form id="login-form" th:action="@{/login}" th:object="${loginBean}">... </form>
th:replace	布局标签，替换整个标签到引入文件	<div th:replace="fragments/header :: title"></div>
th:with	变量赋值运算	<div th:with="isEven=${prodStat.count}%2==0"></div>
th:each	遍历	tr th:each="user,userStat:${users}">

本任务仅简单介绍了 Thymeleaf 模板引擎的基本语法和常用标签，关于 Thymeleaf 模板引擎的更多内容，读者可自行在 Thymeleaf 官方文档中查看学习。

任务实施

显示相同 UML 下不同角色的不同首页

【工作流程】

在相同 URL 下显示不同角色的不同首页的主要流程如图 3-5 所示。

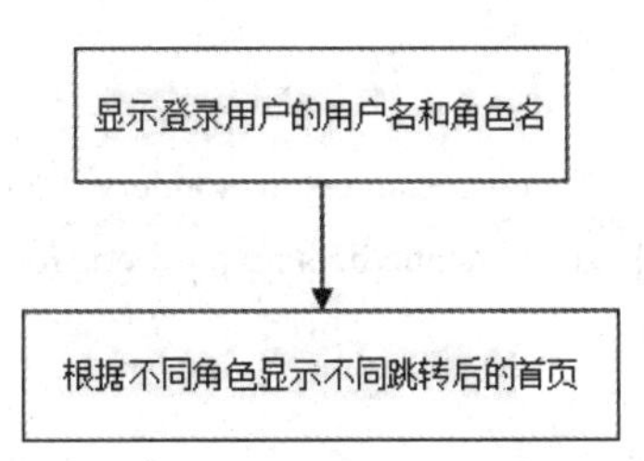

◎ 图 3-5　在相同 URL 下显示不同角色的不同首页的主要流程

上述流程主要涉及以下两个环节：

（1）显示登录用户的用户名和角色名。

（2）根据不同角色显示不同跳转后的首页。该环节主要涉及以下 3 个技术细节：

① 当不同的角色进入同一页面时，显示的内容不同。

② 对于教职工角色，显示教师填写的竞赛信息。

③ 对于校级管理员和院系管理员角色，显示竞赛信息列表。

【操作步骤】

首先，编写校级管理员角色登录成功后跳转的首页的前端代码。代码如下：

```
<!DOCTYPE html>
<html xmlns:th="http://www.thymeleaf.org" lang="zh">
<head>
   <meta charset="UTF-8"/>
   <title> 竞赛信息列表 </title>
   <meta charset="UTF-8"/>
   <meta name="viewport" content="width=device-width, initial-scale=1"/>
   <link th:href="@{/bootstrap/css/bootstrap.css}" href="../static/bootstrap/css/bootstrap.css" rel="stylesheet"/>
   <link th:href="@{/bootstrap/css/bootstrap-theme.css}" href="../static/bootstrap/css/bootstrap-theme.css"
         rel="stylesheet"/>
<body>
<div class="container">
   <div class="row">
   <div class="col-md-5">
   <div class="panel panel-primary">
   <div class="panel-heading text-center" th:if="${user.role}==' 校级管理员 '">
   <span class="panel-title"> 竞赛信息列表
   </span>
   <span class="panel-title"> 当前用户：
   <span th:text="${user.name+'-'+user.role}">

   <script th:src="@{/scripts/jquery-3.6.0.min.js}" src="../static/scripts/jquery-3.6.0.min.js"></script>
   <script th:src="@{/bootstrap/js/bootstrap.js}" src="../static/bootstrap/js/bootstrap.js"></script>
</head>
   </span>
```

```
  </span>

<div class="panel-body">
<ul class="list-group">
  <li class="list-group-item" th:each="compete:${competes}">
    <table class="table-bordered" style="width: 100%">
        <tr>
            <th> 编号 </th>
            <td><span th:text="${compete.id}"></span></td>
        </tr>
        <tr>
            <th> 竞赛名称 </th>
            <td><span th:text="${compete.name}"></span>
            </td>
        </tr>
        <tr>
            <th> 主办单位 </th>
            <td><span th:text="${compete.unit}"></span>
            </td>
        </tr>
        <tr>
            <th> 竞赛级别 </th>
            <td><span th:text="${compete.level}"></span>
            </td>
        </tr>
        <tr>
            <th> 竞赛总花费 </th>
            <td><span th:text="${compete.price}"></span>
            </td>
        </tr>
        <tr>
            <th> 比赛时间 </th>
            <td><span th:text="${#dates.format(compete.competeTime, 'yyyy-MM-dd hh:mm:ss')}"></span>
            </td>
        </tr>
        <tr>
            <th> 学生列表 </th>
            <td><span th:text="${compete.studentList}"></span>
            </td>
```

```
            </tr>
            <tr>
                <th> 指导老师列表 </th>
                <td><span th:text="${compete.teacherList}"></span>
                </td>
            </tr>
        </table>
    </li>
  </ul>
</div>

<div class="panel-footer text-right">
<span class="panel-title">
  Copyright © 2021 竞赛登记管理系统 All Rights Reserved
</span>

</div></div></div></div></div>
</body>
</html>
```

在上述代码中，“th:if="${user.role}==' 校级管理员 '"”这段代码表示只有当用户角色为校级管理员时，才显示所有教师提交的竞赛信息汇总表格。这段代码好比一个“开关”，当其状态为“开”时，执行 if 条件下的代码。通过这个“开关”，我们可以实现在相同 URL 下显示不同角色的不同首页的效果。

可以看到，竞赛信息汇总表格中能动态加载实际的竞赛编号、竞赛名称、主办单位等数据，所以需要通过编写后端代码来实现数据供给。代码如下：

```
@GetMapping("/")
public String index(Model model) {
  CurrentUser user = new CurrentUser();
  user.setName(" 徐天 ");
  user.setRole(" 校级管理员 ");

  List<Compete> competes = new ArrayList<>();

  Compete compete = new Compete();
  compete.setId(1);
  compete.setName(" 大学生信息素养大赛 ");
  compete.setUnit(" 全国财经高校委员会 ");
```

```
    compete.setLevel(" 国赛 ");
    compete.setPrice(9600);
    compete.setCompeteTime(new Date());
    compete.setStudentList(" 刘小红，张小明 ");
    compete.setTeacherList(" 李广、朱江 ");
    competes.add(compete);
    Compete compete1 = new Compete();
    compete.setId(2);
    compete1.setName("XX 学院创新创业大赛 ");
    compete1.setUnit(" 创新创业学院 ");
    compete1.setLevel(" 校赛 ");
    compete1.setPrice(3600);
    compete1.setCompeteTime(new Date());
    compete1.setStudentList(" 罗小黑，张达 ");
    compete1.setTeacherList(" 赵丽、江小红 ");
    competes.add(compete1);
    model.addAttribute("competes", competes);
    model.addAttribute("user", user);
    return "index";
}
```

校级管理员“徐天”登录成功后跳转的首页如图 3-6 所示。

竞赛信息列表当前用户:徐天-校级管理员

编号	1
竞赛名称	大学生信息素养大赛
主办单位	全国财经高校委员会
竞赛级别	国赛
竞赛总花费	9600
比赛时间	2021-11-15 03:56:44
学生列表	刘小红，张小明
指导老师列表	李广、朱江

编号	2
竞赛名称	XX学院创新创业大赛
主办单位	创新创业学院
竞赛级别	校赛
竞赛总花费	3600
比赛时间	2021-01-15 03:56:44
学生列表	罗小黑，张达
指导老师列表	赵丽、江小红

Copyright © 2021 竞赛管理系统 All Rights Reserved

◎ 图 3-6　校级管理员“徐天”登录成功后跳转的首页

思政一刻

Spring Boot 是一款优秀的后端开发框架，Thymeleaf 模板引擎能帮助开发人员开发出美观的前端页面，结合 Spring Boot 框架与 Thymeleaf 模板引擎，能够实现友好的软件操作功能。读者应当养成将不同知识融会贯通来解决实际问题的能力。

【任务评价】

评价项目	评价依据	优秀（100%）	良好（80%）	及格（60%）	不及格（0%）
任务理论背景（20分）	清楚任务要求，解决方案清晰（10分）				
	能够正确解释标准变量表达式、选择变量表达式、消息表达式、链接表达式、片段表达式的相关内容（5分）				
	能够正确叙述常用的 th:标签（5分）				
任务实施准备（30分）	能够正确绘制在相同 URL 下显示不同角色的不同首页的流程图（30分）				
任务实施过程及效果（50分）	完成校级管理员或院系管理员角色登录成功后跳转的首页，能看到如图 3-6 所示的显示效果（50分）				

【任务拓展】

在任务 3.2 中，我们已经完成了校级管理员角色登录成功后跳转的首页。下面，我们来编写教职工角色登录成功后跳转的首页。

首先，编写教职工角色登录成功后跳转的首页的前端代码。代码如下：

```
// 省略头部文件
<div class="panel-body">
<form th:action="@{'/add'}" method="post" th:object="${compete}">
  <div class="form-group form-inline">
    <label for="name" class="col-md-3 control-label" style="text-align: right;">
    竞赛名称 </label>
      <div class="col-md-9">
      <input type="text" class="col-md-9 form-control" id="name"
        placeholder=" 请输入竞赛名称 " th:field="*{name}"
        required="required"/>
      </div>
```

```
</div>
<div class="form-group form-inline">
  <label for="unit" class="col-sm-3 control-label"
    style="text-align: right;"> 主办单位 </label>
  <div class="col-md-9">
    <input type="text" class="col-sm-9 form-control" id="unit"
        placeholder=" 请输入主办单位 " th:field="*{unit}"/>
  </div>
</div>
<div class="form-group form-inline">
  <label for="level" class="col-sm-3 control-label"
      style="text-align: right;"> 竞赛级别 </label>

  <div class="col-md-9">
    <input type="text" class="col-sm-9 form-control" id="level"
        placeholder=" 请输入竞赛级别 " th:field="*{level}"/>
  </div>
</div>

<div class="form-group form-inline">
  <label for="price" class="col-sm-3 control-label"
      style="text-align: right;"> 竞赛总花费 </label>
  <div class="col-md-9">
    <input type="text" class="col-sm-9 form-control" id="price"
        placeholder=" 请输入竞赛总花费 " th:field="*{price}"/>
  </div>
</div>

<div class="form-group form-inline">
  <label for="competeTime" class="col-sm-3 control-label"
      style="text-align: right;"> 比赛时间 </label>
  <div class="col-md-9">
    <input type="text" class="col-sm-9 form-control" id="competeTime"
        placeholder=" 请输入比赛时间 " th:field="*{competeTime}"/>
  </div>
</div>
<div class="form-group form-inline">
  <label for="studentList" class="col-sm-3 control-label"
```

```
        style="text-align: right;"> 学生列表 </label>
    <div class="col-md-9">
      <input type="text" class="col-sm-9 form-control" id="studentList"
          placeholder=" 请输入学生列表 " th:field="*{studentList}"/>
    </div>
  </div>

  <div class="form-group form-inline">
    <label for="teacherList" class="col-sm-3 control-label"
        style="text-align: right;"> 指导老师列表 </label>
    <div class="col-md-9">
      <input type="text" class="col-sm-9 form-control" id="teacherList"
          placeholder=" 请输入指导老师列表 " th:field="*{teacherList}"/>
    </div>
  </div>

  <div class="form-group">
    <div class="col-md-offset-3 col-md-5">
      <button class="btn btn-primary btn-block" type="submit" name="action"
          value="login"> 保 存
      </button>
    </div>
    <div class="col-md-offset-3 col-md-5">
      <button class="btn btn-primary btn-block" type="submit" name="action"
          value="login"> 提 交
      </button>
    </div>
  </div>
</form>
```

接下来，通过编写后端代码来实现数据供给。我们创建一个实体类 Compete，代码如下：

```
package com.example.demo.domain;
public class Compete {
  // 编号
  private Integer id;
  // 竞赛名称
```

```
  private String name;
  // 主办单位
  private String unit;
  // 比赛时间
  private Date competeTime;
  // 竞赛级别
  private String level;
  // 学生列表
  private String studentList;
  // 指导老师列表
  private String teacherList;
  // 竞赛总花费
  private Integer price;
  // 因篇幅限制，此处省略 Getter 和 Setter 方法，请自行生成
}
```

实体类 Compete 创建完成后，再创建一个控制器方法（由于目前还未使用数据库，所以我们可以自行编造一些数据用于显示）。代码如下：

```
@GetMapping("/")
  public String index(Model model) {

    CurrentUser user = new CurrentUser();
    user.setName(" 王丽丽 ");
    user.setRole(" 教职工 ");
    Compete compete = new Compete();
    compete.setName(" 大学生信息素养大赛 ");
    compete.setUnit(" 全国财经高校委员会 ");
    compete.setLevel(" 国赛 ");
    compete.setPrice(9600);
    compete.setCompeteTime(new Date());
    compete.setStudentList(" 刘小红，张小明 ");
    compete.setTeacherList(" 李广、朱江 ");
    model.addAttribute("compete", compete);
    model.addAttribute("user", user);
    return "index";
  }
```

教职工“王丽丽”登录成功后跳转的首页如图 3-7 所示。

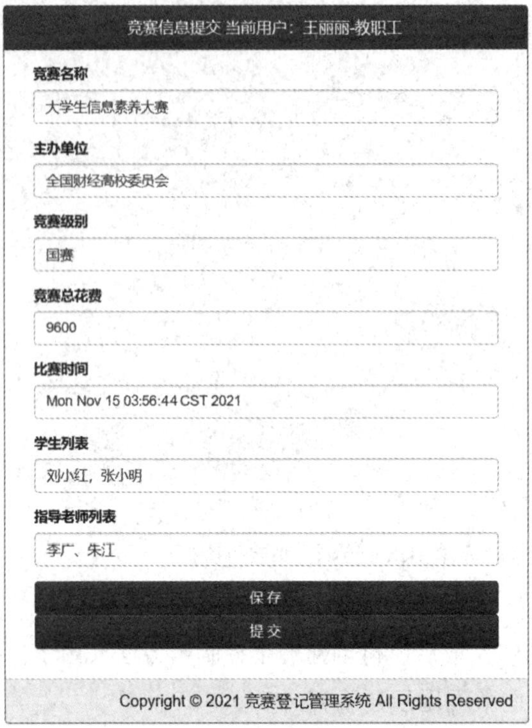

竞赛信息提交 当前用户：王丽丽-教职工

竞赛名称

大学生信息素养大赛

主办单位

全国财经高校委员会

竞赛级别

国赛

竞赛总花费

9600

比赛时间

Mon Nov 15 03:56:44 CST 2021

学生列表

刘小红，张小明

指导老师列表

李广、朱江

保存

提交

Copyright © 2021 竞赛登记管理系统 All Rights Reserved

◎ 图 3-7 教职工“王丽丽”登录成功后跳转的首页

总结归纳

本单元介绍了Thymeleaf模板引擎的基本语法和常用标签，然后通过任务3.1和任务3.2实现了Spring Boot项目和Thymeleaf模板引擎的整合，完成了静态页面的输出及网页动态数据渲染。希望通过对本单元内容的学习，读者能够在实际开发中灵活运用Thymeleaf模板引擎进行视图页面开发。

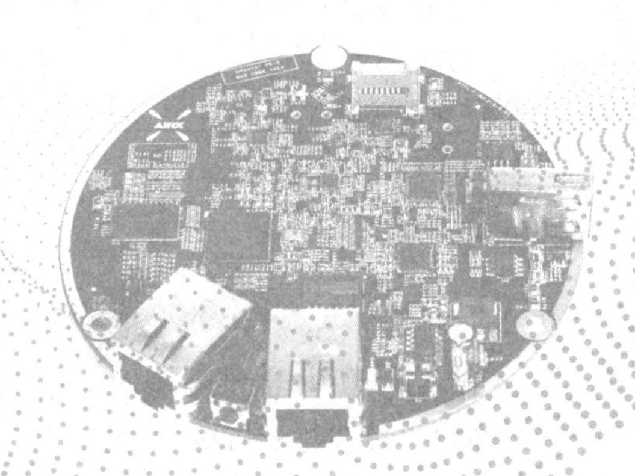

单元 4

竞赛登记管理系统前端与后端的数据交互

学习目标

- 掌握在 Spring Boot Web 项目中进行前端与后端数据交互的方式。
- 熟悉在 Spring Boot 项目中配置不同的 JSON 数据转换器进行前端与后端数据交互的方法。
- 掌握在 Spring Boot 项目中对前端传回数据进行统一校验的方式。
- 理解在 Spring Boot 项目中进行统一的异常处理的原理。

任务 4.1 定义竞赛信息的交互格式

任务情景

【任务场景】

在竞赛登记管理系统中，竞赛信息登记是核心功能。后端必须接收前端提交的竞赛信息登记数据，前端也能够显示数据提交结果，这就涉及前端和后端数据的交互。那么数据是以什么样的形式在前端和后端之间传递的呢？前端和后端在接收到数据后又是如何处理的呢？

【任务布置】

本任务会模拟用户在前端网页填写竞赛信息的相关数据，并发送给后端程序处理。理解这个过程中前端如何将用户填入的竞赛信息数据转换为JSON格式的数据并发送给后端，以及后端在接收到 JSON 格式的数据后如何将其转换为后端指定的对象类型数据。

知识准备

目前，Web 程序的前端与后端进行数据交互的主要方式是使用 JSON 格式传递数据。在前端代码中，无论是 JavaScript 的 Ajax 技术还是 HTML5 的表单提交，都支持将数据以 JSON 格式发送给后端。而为了将 JSON 格式的数据转换为后端接口使用的对象类型数据，我们可以使用 JSON 数据转换器。Spring Boot 框架内置了 JSON 数据转换器 Jackson 来处理这些数据。

4.1.1 接收与解析 JSON 格式数据

什么是 JSON 格式数据？为什么要使用 JSON 格式数据？

JSON（JavaScript Object Notation）是一种基于文本，但是独立于语言的记录模式，其可以存储数值型、布尔型、数组引用类型、对象引用类型、Null 等数据类型的数据。JSON 主要采用键-值对的方式来存储对象数据。示例如下：

```
{
    "skillz": {
        "web": [{
            "name": "xiaoming",
            "age": "23"
        }, {
            "name": "xiaohong",
            "age": "24"
        }],
        "database": [{
            "name": "xiaozhang",
            "years": "56"
        }]
    }
}
```

之所以选用 JSON 作为数据交互格式，是因为相比于传统的 XML 格式，JSON 格式具有 XML 格式的绝大部分优点（如具有良好的可读性和可扩展性、易编码等）。在对 JSON 格式数据进行解码时无须考虑其被编码时的规则，数据的读取速度非常快，同时因为去除了标签，所以在同等存储容量的情况下，JSON 格式可以存储更多的数据。

当接收到前端传过来的对象引用类型数据或数组引用类型数据时，Spring Boot 框架会自动将它们转换为 JSON 格式数据。除了 Spring Boot 框架自带的 Jackson，还可以使用 Google 公司开发的 Gson 和阿里巴巴公司开发的 FastJson 对 JSON 格式数据进行处理。

我们在后端常常通过 @RequestBody 注解来标注要接收的以 JSON 格式表示的对象类型数据。需要注意的是，JSON 格式数据中的属性名必须和对象的属性名一致，这样才能成功接收数据。

4.1.2　定义全局返回数据的格式

为了方便前端和后端开发人员的联调，可以统一后端程序返回给前端的数据的格式。我们在代码中定义 AjaxResult 类来完成这一目标，该类继承 HashMap<String,Object> 类型，Spring MVC 框架会自动将 Map 格式数据解析为 JSON 格式数据。

AjaxResult 类中定义了后端返回给前端的通用数据结构，其中包括表示消息码的 code、表示消息值的 msg、表示业务数据的 data。code 和 msg 与具体的功能无关，前端根据这两个字段可以得知调用的接口是否处理成功，如果处理失败，则可以得知处理失败的原因。而 data 则和具体的接口有关，不同的接口会返回对应的业务数据。具体实现会在后面的“任务实施”部分介绍。

任务实施

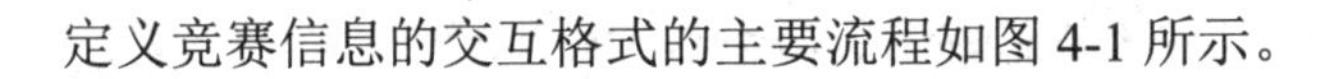

定义竞赛信息的交互格式

【工作流程】

定义竞赛信息的交互格式的主要流程如图 4-1 所示。

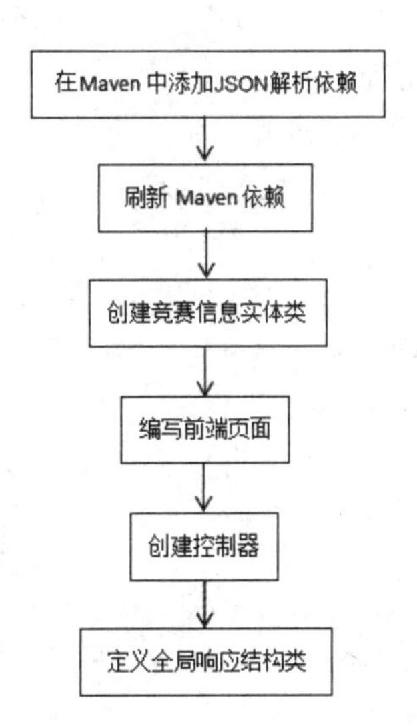

◎ 图 4-1　定义竞赛信息的交互格式的主要流程

1. 在 Maven 中添加 JSON 解析依赖（在 pom.xml 文件中）

（1）如果默认采用 Jackson，则无须对 pom.xml 文件进行修改。

（2）如果采用 Google 公司开发的 Gson，则需要在 pom.xml 文件中添加与 Gson 相关的依赖，并且去掉 Web 起步依赖中的 Jackson。代码如下：

```
<dependency>
  <groupId>org.springframework.boot</groupId>
  <artifactId>spring-boot-starter-web</artifactId>
  <!-- 要自定义 JSON 数据转换器，先去除原来的 Jackson -->
  <exclusions>
    <exclusion>
       <groupId>com.fasterxml.jackson.core</groupId>
       <artifactId>jackson-databind</artifactId>
    </exclusion>
  </exclusions>
</dependency>
<!-- 添加 Gson 依赖 -->
<dependency>
  <groupId>com.google.code.gson</groupId>
  <artifactId>gson</artifactId>
</dependency>
```

（3）如果采用阿里巴巴公司开发的 FastJson，则需要在 pom.xml 文件中添加与 FastJson 相关的依赖，同时去掉 Web 起步依赖中的 Jackson。代码如下：

```
<dependency>
    <groupId>org.springframework.boot</groupId>
    <artifactId>spring-boot-starter-web</artifactId>
    <!-- 要自定义 JSON 数据转换器，先去除原来的 Jackson -->
     <exclusions>
       <exclusion>
         <groupId>com.fasterxml.jackson.core</groupId>
         <artifactId>jackson-databind</artifactId>
       </exclusion>
     </exclusions>
  </dependency>
  <!-- 添加 FastJson 依赖 -->
  <dependency>
    <groupId>com.alibaba</groupId>
    <artifactId>fastjson</artifactId>
```

```
    <version>1.2.78</version>
</dependency>
```

2. 刷新 Maven 依赖

在 IntelliJ IDEA 中添加依赖后，单击页面右上角的刷新按钮 ，IntelliJ IDEA 将会自动把依赖下载到本地环境中。

3. 创建竞赛信息实体类

在项目的 src/main/java/com/xx/ 目录下新建一个名为“pojo”的包（Package），用来存放实体类。在该包中创建一个竞赛信息实体类 SysCompete，用来存放竞赛信息，注意要和数据库中 sys_compete 表包含的属性一致。代码如下：

```
public class SysCompete extends BaseEntity {
  private static final long serialVersionUID = 1L;

  // 竞赛 ID
  private Long competeId;
  // 竞赛名称
  @Excel(name = " 竞赛名称 ")
  private String competeName;

  // 比赛时间
  @JsonFormat(pattern = "yyyy-MM-dd")
  @Excel(name = " 比赛时间 ", width = 30, dateFormat = "yyyy-MM-dd")
  private Date competeTime;

  private Date competeStartTime;

  private Date competeEndTime;
  // 主办单位
  @Excel(name = " 主办单位 ")
  private String competeOrganizer;

  // 教师数量
  private Integer teacherCount;
  // 教师名单
  private List<SysCompeteTeacher> teacherList;
  // 学生数量
  private Integer studentCount;
```

```
// 学生名单
private List<SysCompeteStudent> studentList;
// 竞赛类型
@Excel(name = " 竞赛类型 ", dictType = "compete_type")
private String competeType;
// 竞赛级别
@Excel(name = " 竞赛级别 ", dictType = "compete_level")
private String competeLevel;

// 竞赛项目
private Long competeProject;
// 竞赛项目名称
@Excel(name = " 竞赛项目 ")
private String competeProjectName;
// 应填总学时
@Excel(name = " 应填总学时 ")
private Long competeProjectTotalClassHours;
// 实填总学时
@Excel(name = " 实填总学时 ")
private Long actualCompeteProjectTotalClassHours;

// 竞赛成果计分
@Excel(name = " 竞赛成果计分 ")
private Long competeProjectNameTotalScore;
// 获奖等级
@Excel(name = " 获奖等级 ", dictType = "award_level")
private String awardLevel;
// 竞赛总花费（单位：元）
@Excel(name = " 竞赛总花费（单位：元）")
private Integer spendNumber;
// 文件列表
private List<SysFileInfo> FileList;
// 获奖文件列表
private List<SysFileInfo> ListOfAwardsFileList;
// 文件列表
private List<SysFileInfo> ProjectApplicationMaterialsFileList;
// 填报人
private Long fillPersonUserId;
private String TeacherUserName;
```

```
/**
 * 填报人姓名
 */
@Excel(name = " 填报人姓名 ")
 private String fillPersonUserName;
// 填报人部门
@Excel(name = " 填报人部门 ")
private String fillPersonUserDept;
private Long fillPersonUserDeptId;
// 是否通过
@Excel(name = " 审批状态 ", dictType = "compete_status")
private String competeStatus;
// 教师标记
private Integer TeacherFlag;
// 删除标记
private String delFlag;
// 以下省略 Getter 和 Setter 方法
 ...
```

在上面创建的竞赛信息实体类 SysCompete 中，定义了竞赛 ID、竞赛名称、比赛时间、主办单位、教师数量及教师名单、学生数量及学生名单、竞赛类型、竞赛级别、竞赛项目、竞赛项目名称、学时信息、竞赛成果计分、获奖等级、竞赛总花费、竞赛相关文件、填报人信息、审批状态、教师标记、删除标记等信息。

4. 编写前端页面

在 src/main/resources/templates 目录下创建页面 addCompete.html。用户可以在该页面中输入与竞赛项目相关的信息，并可以选择相关文件，通过 Ajax 方式以 JSON 格式发送给后端。

需要注意的是，前端发送的数据所含的属性名必须和后端接收的对象的属性名一致。例如，前端发送的竞赛 ID 的字段名是 competeId，则后端用来接收数据的 SysCompete 对象的对应字段名也必须是 competeId，并且大小写也要保持一致。

5. 创建控制器

在 src/main/java/com/xx/ 目录下创建控制器包 controller（注意 controller 与 pojo 是同层级的），在 controller 包下创建 AddCompetitionInfoController.java 文件，该文件中的内容如下：

```
@RestController
public class AddCmpetitionInfoController {
```

```
@PostMapping("save")
  public AjaxResult add_save(@RequestBody SysCompete sysCompete) {
     LoginUser loginUser = tokenService.getLoginUser(ServletUtils.getRequest());
     SysUser sysUser = loginUser.getUser();
     if (sysUser.getStatus().equals(UserStatus.NOINIT.getCode())) {
        return AjaxResult.error(" 请先完善个人信息再进行填写！ ");
     }
     sysCompete.setFillPersonUserId(sysUser.getUserId());
     sysCompete.setCompeteStatus("5");
     sysCompeteService.insertSysCompete(sysCompete);
     // 插入学生信息
     for (SysCompeteStudent student : sysCompete.getStudentList()) {
        if (!is_match_dept_major("student", student.getStudentCollege(), student.getStudentMajor())) {
           TransactionAspectSupport.currentTransactionStatus().setRollbackOnly();
           return AjaxResult.error(" 所填学生信息中，学院与专业对应关系有误，请重填 ");
        }
        student.setCompeteId(sysCompete.getCompeteId());
        sysStudentService.insertSysCompeteStudent(student);
     }
    // 插入教师信息
     SysCompeteProject sysCompeteProject = sysCompeteProjectService.selectSysCompeteProjectById(sysCom
pete.getCompeteProject());
     Integer TeacherClassHourCount = 0;
     Integer TeacherScoreCount = 0;
     for (SysCompeteTeacher teacher : sysCompete.getTeacherList()) {
        teacher.setCompeteId(sysCompete.getCompeteId());
        teacher.setTeacherClassHour(teacher.getTeacherClassHour());
        teacher.setTeacherScore(teacher.getTeacherScore());
        TeacherClassHourCount += teacher.getTeacherClassHour();
        TeacherScoreCount += teacher.getTeacherScore();
        sysTeacherService.insertSysCompeteTeacher(teacher);
     }
      if (TeacherClassHourCount > Integer.parseInt(sysCompeteProject.getCompeteProjectTotalClassHours().
toString())) {
        TransactionAspectSupport.currentTransactionStatus().setRollbackOnly();
         return AjaxResult.error(" 保存失败，所有指导老师指导学时之和不能大于 " + sysCompeteProject.get
CompeteProjectTotalClassHours());
     }
     int TotalScore = 0;
     switch (sysCompete.getAwardLevel()) {
```

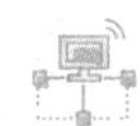

```
        case "2":
            TotalScore = Math.toIntExact(sysCompeteProject.getCompeteProjectFirstAwardScore());
            break;
        case "3":
            TotalScore = Math.toIntExact(sysCompeteProject.getCompeteProjectSecondAwardScore());
            break;
        case "4":
            TotalScore = Math.toIntExact(sysCompeteProject.getCompeteProjectThirdAwardScore());
            break;
        default:
            break;
    }
    if (TeacherScoreCount != TotalScore) {
        TransactionAspectSupport.currentTransactionStatus().setRollbackOnly();
        return AjaxResult.error(" 保存失败，所有指导老师成果计分累计不等于 " + TotalScore);
    }
    return AjaxResult.success(" 保存成功 ", sysCompete.getCompeteId());
}
```

上述代码中使用了 3 个注解：@RestController、@PostMapping、@RequestBody。

6. 定义全局响应结构类

接下来，定义一个 AjaxResult 类，该类继承 HashMap<String,Object> 类型。代码如下：

```
public class AjaxResult extends HashMap<String, Object>
{
  private static final long serialVersionUID = 1L;
  public static final String CODE_TAG = "code"; // 状态码
  public static final String MSG_TAG = "msg"; // 返回通用信息
  public static final String DATA_TAG = "data"; // 业务数据
  // 初始化一个新创建的 AjaxResult 对象，使其表示一个空消息
  public AjaxResult() {
  }
  /**
   * 初始化一个新创建的 AjaxResult 对象
   * @param code 状态码
   * @param msg 返回内容
   */
  public AjaxResult(int code, String msg) {
      super.put(CODE_TAG, code);
      super.put(MSG_TAG, msg);
  }
```

```
/**
 * 初始化一个新创建的 AjaxResult 对象
 * @param code 状态码
 * @param msg 返回内容
 * @param data 数据对象
 */
public AjaxResult(int code, String msg, Object data) {
    super.put(CODE_TAG, code);
    super.put(MSG_TAG, msg);
    if (StringUtils.isNotNull(data))
    {
        super.put(DATA_TAG, data);
    }
}
/**
 * 返回成功消息
 * @return 成功消息
 */
public static AjaxResult success() {
    return AjaxResult.success(" 操作成功 ");
}
/**
 * 返回成功数据
 * @return 成功消息
 */
public static AjaxResult success(Object data)
{
    return AjaxResult.success(" 操作成功 ", data);
}

/**
 * 返回成功消息
 * @param msg 返回内容
 * @return 成功消息
 */
public static AjaxResult success(String msg) {
    return AjaxResult.success(msg, null);
}
```

```
    /**
     * 返回成功消息
     * @param msg 返回内容
     * @param data 数据对象
     * @return 成功消息
     */
    public static AjaxResult success(String msg, Object data) {
        return new AjaxResult(HttpStatus.SUCCESS, msg, data);
    }

/**
     * 返回错误消息
     *
     * @return
     */
    public static AjaxResult error() {
        return AjaxResult.error(" 操作失败 ");
    }
    /**
     * 返回错误消息
     * @param msg 返回内容
     * @return 警告消息
     */
    public static AjaxResult error(String msg) {
        return AjaxResult.error(msg, null);
    }
    /**
     * 返回错误消息
     * @param msg 返回内容
     * @param data 数据对象
     * @return 警告消息
     */
    public static AjaxResult error(String msg, Object data) {
        return new AjaxResult(HttpStatus.ERROR, msg, data);
    }
    /**
     * 返回错误消息
     * @param code 状态码
     * @param msg 返回内容
     * @return 警告消息
```

```
    */
    public static AjaxResult error(int code, String msg)
    {
        return new AjaxResult(code, msg, null);
    }
}
```

由上述代码可以看到，我们自定义了消息返回方式。当用户输入的信息无误，并且发送的数据成功被后端接收时，调用 success() 方法返回数据；当用户输入的信息有误时，如用户所在学院和专业不匹配，则调用 error() 方法给前端返回错误。

【任务评价】

评价项目	评价依据	优秀（100%）	良好（80%）	及格（60%）	不及格（0%）
任务理论背景（20 分）	清楚任务要求，解决方案清晰（10 分）				
	能够正确说出 Java 开发中常用的 3 种 JSON 数据转换器（10 分）				
任务实施过程及效果（80 分）	能够完成竞赛信息实体类和其他相关代码的编写，并从前端页面向后端传递数据（80 分）				

任务 4.2　校验竞赛信息的合规性

任务情景

【任务场景】

系统在进行信息处理时，一般要先对信息进行校验，防止程序运行中出现不必要的错误。虽然我们可以在前端页面就进行数据校验，但是后端的校验也是必不可少的，因为开发要遵循的一个原则就是“前端不可信”。因为前端位于客户端，用户很容易修改前端代码，绕过前端的校验。另外，一些校验需要大量数据的支撑，这就必须在后端进行才合适了。

如果在每个接口中都自行编码进行校验，则会带来不小的工作量。那么，有没有一套机制可以简化后端对前端传回数据的校验呢？

【任务布置】

我们现在需要存放竞赛学生的信息，编写前端页面供用户输入学生信息，先根据需求设置不同的规则，再通过对校验注解的设置来体现这些规则：

（1）用户在输入学生的姓名、学院、专业、班级等数据信息时，要求都不能为空。

（2）用户在输入学生的学号时，要求学号不能少于 10 位，防止黑客通过 SQL 注入的方式盗取信息。

知识准备

数据校验是每个程序员都要遇到的问题，因此出现了相关的标准、规范，如 JSR303、JSR380 等。JSR 是 Java Specification Requests 的缩写，意思是“Java 规范提案”。Spring Boot 框架可以使用多种数据校验方式，利用这些数据校验方式，可以大大减少我们的数据校验代码。

4.2.1 Java Validation

Java 在 validation-api 包中定义了验证的接口，实现该接口的是 Hibernate Validator。Hibernate Validator 是 Hibernate 模块中除 ORM 框架以外的另一个框架。它是一个基于 Bean Validation 实现的数据校验器，对需要验证的参数的注解为 @Valid。

4.2.2 Spring Validation

Spring Validation 是对 Hibernate Validator 的又一次封装。Spring Validation 提供了 @Validated 注解，新增了分组检验的功能。

在编程中，@Validated 和 @Valid 这两个功能相近的注解都可以被使用，但需要注意两者之间的区别，具体如下：

（1）@Valid 注解不支持分组功能，而 @Validated 注解则支持分组功能。

（2）@Valid 注解可以用在成员属性、构造函数、方法参数和方法上；@Validated 注解可以用在方法、方法参数、类上，不能用在成员属性上。

（3）如果需要验证的实体类中的属性为另一个类的对象（即嵌套类型），则需要用 @Valid 注解才能验证对象中的成员属性的值是否合法。

4.2.3 常用的校验注解

常用的校验注解如表 4-1 所示。

表 4-1 常用的校验注解

校验注解	注解说明
@NotBlank	校验字符串类型参数不能为空
@NotNull	校验参数不能为 null
@Null	校验参数必须为 null
@NotEmpty	校验字符串不能为空串，校验集合不能为空集合
@Size(min=1,max=10)	校验集合中元素的个数是否在 10 以内
@Email	校验参数是否为邮箱格式（这是 Hibernate Validator 框架独有的注解）
@Pattern(regexp="a")	用正则表达式校验字符串，其中“a”是正则表达式
@CreditCardNumber()	校验是否为正确的信用卡号
@Length(min=1,max=50)	校验字符串的长度是否在 50 字节以内
@Range(min=18,max=29)	校验输入的数字是否在给定的 min ～ max 范围内
@SafeHtml	校验字符串是否为安全的 HTML
@URL	校验输入的 URL 是否为合法的 URL（这是 Hibernate Validator 框架独有的注解）
@AssertFalse	校验输入的值是否为 False
@AssertTrue	校验输入的值是否为 True
@DecimalMax(value="3.14",inclusive=true)	校验输入是否等于某个值，当 inclusive 的值是 false 时为小于
@DecimalMax(value="5",inclusive=false)	校验输入是否等于某个值，当 inclusive 的值是 true 时为大于
@Digits(integer=3,fraction=2)	校验数字的格式，integer 的值指整数部分的长度，fraction 的值指小数部分的长度
@Past	校验日期是否为过去的日期
@Future	校验日期是否为未来的日期
@Postive	校验输入的数字是否为正数

本任务仅涉及了 Validation 中对常见类型数据的校验和常用的校验注解，关于 Validation 的更多内容，读者可自行在 Spring Boot 官方文档中查看学习。

基于 Spring Boot 框架开发的 Web 项目引入的 spring-boot-starter-web 包中已经包含了 Hibernate Validator 框架，因此在实践中不需要再引入相关包。

任务实施

校验竞赛信息的合规性

【工作流程】

校验竞赛信息的合规性的主要流程如图 4-2 所示。

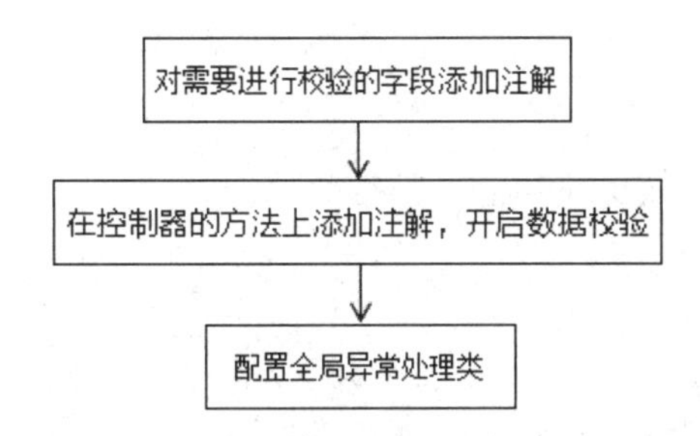

◎ 图 4-2　校验竞赛信息的合规性的主要流程

【操作步骤】

1. 对需要进行校验的字段添加注解

打开需要进行数据校验的实体类，在每个需要进行校验的字段上添加对应的注解。比如，想要校验某个字符串类型的字段不能为空，则可以在该字段上添加 @NotBlank 注解。回到我们的项目中，可以在实体类 SysCompeteStudent 中对需要进行校验的数据添加相应的数据校验注解。参考代码如下：

```
import org.apache.commons.lang3.builder.ToStringBuilder;
import org.apache.commons.lang3.builder.ToStringStyle;
import com.ruoyi.common.annotation.Excel;
import com.ruoyi.common.core.domain.BaseEntity;
import javax.validation.constraints.Min;
import javax.validation.constraints.NotBlank;

public class SysCompeteStudent extends BaseEntity
{
    private static final long serialVersionUID = 1L;
    /** ID */
    private Long studentId;
    /** 竞赛 ID */
    @Excel(name = " 竞赛 ID")
    private Long competeId;
    /** 学生姓名 */
```

```
  @Excel(name = " 学生姓名 ")
  @NotBlank(message = " 学生姓名不能为空 ")
  private String studentName;
  /** 学生学号 */
  @Excel(name = " 学生学号 ")
  @Min(value = 10,message = " 学生学号不能少于 10 位 ")
  private String studentNumber;
  /** 学生学院 */
  @Excel(name = " 学生学院 ")
  @NotBlank(message = " 学生学院不能为空 ")
  private String studentCollege;
  /** 学生专业 */
  @Excel(name = " 学生专业 ")
  @NotBlank(message = " 学生专业不能为空 ")
  private String studentMajor;
  /** 学生班级 */
  @Excel(name = " 学生班级 ")
  @NotBlank(message = " 学生班级不能为空 ")
  private String className;
  /** $column.columnComment */
  private String delFlag;
  // 以下省略各成员变量的 Getter 方法和 Setter 方法
  ...
}
```

在上述代码中，学生姓名属性 studentName 要求非空，给这个属性添加了 @NotBlank 注解，从而可以进行相应的处理；学生学号属性 studentNumber 要求学生学号的位数必须大于某个数值，使用了 @Min 注解。

各个注解中的 message 属性是当要求不满足时应该给用户展示的提示。

2. 在控制器的方法上添加注解，开启数据校验

找到接收前端数据的方法，在该方法接收的对象类型参数的前面添加 @Valid 注解，表明这个对象类型参数需要进行数据校验。参考代码如下：

```
@RestController
public class ValidController {
  @RequestMapping("/test")
  public User testJson(@Valid @RequestBody SysCompeteStudent student){
    return student;
```

```
    }
}
```

在上述代码中，在 @RequestBody SysCompeteStudent student 的前面添加了 @Valid 注解，表明在调用方法时要对 student 实例进行数据校验。一旦发现非法赋值，则直接抛出数据校验异常。

3. 配置全局异常处理类

当用户输入的数据不满足要求时，程序会抛出 MethodArgumentNotValidException 异常。对于该异常，我们应该使用统一的方式来处理（统一处理异常的内容将在本单元的任务 4.4 中进行讲解）。

现在我们可以创建一个专门的类来统一处理异常，将程序默认的异常信息转化为用户直观的提示方式。参考代码如下：

```
@RestControllerAdvice
public class GlobalHandle {
  @ExceptionHandler(MethodArgumentNotValidException.class)
  public Object validExceptionHandler(MethodArgumentNotValidException e)
  {
    log.error(e.getMessage(), e);
    String message = e.getBindingResult().getFieldError().getDefaultMessage();
    return AjaxResult.error(message);
  }
}
```

由上述代码可知，在针对 MethodArgumentNotValidException 异常的处理方法中，我们将异常中的提示信息以通用的前端和后端交互的方法返回给了前端。

【任务评价】

评价项目	评价依据	优秀（100%）	良好（80%）	及格（60%）	不及格（0%）
任务理论背景（20 分）	清楚任务要求，解决方案清晰（10 分）				
	能够正确理解 @Validated 注解和 @Valid 注解的区别（10 分）				
任务实施过程及效果（80 分）	能够编写完成竞赛信息合规性校验的代码，并且代码运行正常（80 分）				

任务 4.3　完成竞赛信息附件上传

任务情景

【任务场景】

在竞赛登记管理系统中，会要求用户以附件形式提交各种材料（如获奖证书和立项申报书等），这时就用到了文件上传功能。用户在页面提交文件后，后端会接收并存储这些文件，由管理人员审核。用户可以查看自己的竞赛登记信息，并且下载自己提交过的文件。

【任务布置】

我们需要制作一个竞赛登记提交页面，需使用 Spring Boot 框架解决以下功能需求:

（1）用户在竞赛登记提交页面中输入相应的申报信息后，可以选择上传的附件，这里可以上传获奖证书、立项申报书、费用发放清册等文件，然后单击“提交”按钮。

（2）后端可以接收前端传过来的文件数据，并存储到相应的目录下。

（3）用户在查看自己的历史申报信息时，可以下载相应的文件。

知识准备

4.3.1　单文件上传

Spring Boot 项目是通过 Spring MVC 框架来实现文件上传的。Spring MVC 框架的九大组件之一 MultipartResolver 是专门用来处理文件上传请求的。MultipartResolver 接口有两个实现类，即 StandardServletMultipartResolver 和 CommonsMultipartResolver，Spring Boot 框架的自动配置使用的是 StandardServletMultipartResolver 类。经过 MultipartResolver 处理后，上传的文件能够以 MultipartFile 的形式作为参数映射到接收文件的方法中。在接收文件的方法的实现体中，可以直接调用 MultipartFile 提供的一些方法。MultipartFile 的常用方法如表 4-2 所示。

表 4-2　MultipartFile 的常用方法

方法名称	方法说明
isEmpty()	文件是否未被上传
getSize()	获取文件的字节数（即文件的大小）
getName()	获取文件名
getOriginalFilename()	获取上传文件的完整名字（文件名＋文件类型后缀）
getByte()	获取文件的字节数组
getInputStream()	获取文件的数据流
transferTo()	将文件保存到目标路径中

4.3.2　多文件上传

可以将多文件上传看作多个单文件一起上传。在接收文件的方法中，以 MultipartFile 数组作为参数即可实现多文件的接收。在接收文件的方法的方法体中可以遍历这个文件数组，将文件依次保存到指定目录中。

4.3.3　文件下载

Spring MVC 框架并未对文件的下载进行封装和优化，因此想要实现文件下载的话直接使用 HttpServletResponse 类即可。在实现文件下载的方法体内，将下载文件的字节流写入这个类。除此之外，还需要对响应的类型、响应头和响应编码进行设置。

任务实施

完成竞赛信息附件上传和下载

【工作流程】

完成竞赛信息附件上传和下载的主要流程如图 4-3 所示。

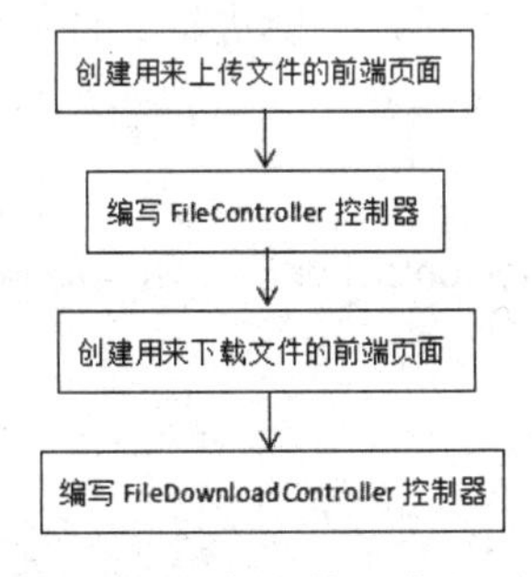

◎　图 4-3　完成竞赛信息附件上传和下载的主要流程

【操作步骤】

1. 文件上传

1）创建前端页面

在页面目录中新建一个 HTML 文件，添加一个表单，并在表单中添加“file”类型的 input 元素。用来上传文件的前端页面的关键代码如下：

```
<!DOCTYPE html>
<html lang="en">
<head>
  <meta charset="UTF-8">
  <title>Title</title>
</head>
<body>
<form action="/upload" method="post" enctype="multipart/form-data">
  <input type="file" name="uploadFile" value=" 请选择文件 ">
  <input type="submit" value=" 上传 ">
</form>
</body>
</html>
```

这里有一点需要注意，就是 form 表单提交的方式为 POST，并且 enctype="multipart/form-data"。<form> 标签的 enctype 属性用于指定 form 表单数据在提交时的编码方式，它常用的值如下。

（1）application/x-www-form-urlencoded：默认的编码方式，表单提交的数据被编码为名称 / 值对。但是在传输大规模数据时，这种方式的效率很低下。

（2）multipart/form-data：指定数据的编码为二进制编码，一般用这种方式传输文档、音频、视频等文件。这种方式在传输数据时用到多媒体传输协议，传递大量的数据一般使用 POST 方法。

（3）text/plain：纯文本的传输方式，不能进行文件的传输。

2）编写 FileController 控制器

在 controller 包中新建一个 FileController 类，编写后端接收文件上传请求的处理方法。代码如下：

```
/**
 * 通用上传请求
```

```
 */
@PostMapping("/common/upload")
public AjaxResult uploadFile(MultipartFile file) throws Exception {
   try
   {
      // 上传文件路径
      String filePath = RuoYiConfig.getUploadPath();
      // 上传并返回新文件名称
      String fileName = FileUploadUtils.upload(filePath, file);
      String url = serverConfig.getUrl() + fileName;
      AjaxResult ajax = AjaxResult.success();
      ajax.put("fileName", fileName);
      ajax.put("url", url);
      return ajax;
   }
   catch (Exception e)
   {
      return AjaxResult.error(e.getMessage());
   }
}

/**
 * 文件上传
 *
 * @param baseDir 相对应用的基目录
 * @param file 上传的文件
 * @param allowedExtension 上传文件类型
 * @return 返回上传成功的文件名
 * @throws FileSizeLimitExceededException 如果超出最大大小
 * @throws FileNameLengthLimitExceededException 文件名太长
 * @throws IOException 比如当读写文件出错时
 * @throws InvalidExtensionException 文件校验异常
 */
public static final String upload(String baseDir, MultipartFile file, String[] allowedExtension)
      throws FileSizeLimitExceededException, IOException, FileNameLengthLimitExceededException,
      InvalidExtensionException {
   int fileNamelength = file.getOriginalFilename().length();
   if (fileNamelength > FileUploadUtils.DEFAULT_FILE_NAME_LENGTH)
   {
         throw new FileNameLengthLimitExceededException(FileUploadUtils.DEFAULT_FILE_NAME_
```

```
LENGTH);
    }

    assertAllowed(file, allowedExtension);
    String fileName = extractFilename(file);

    File desc = getAbsoluteFile(baseDir, fileName);
    file.transferTo(desc);
    String pathFileName = getPathFileName(baseDir, fileName);
    return pathFileName;
  }
```

在上述代码中，@PostMapping("/common/upload") 注解表明前端通过调用“/common/upload”路径进行文件上传。接收文件上传请求的处理方法中的 MultipartFile 类型参数就是 Spring MVC 框架转化好的一个文件对象。该方法通过调用一个封装好的方法，将文件保存到指定的位置。

2. 文件下载

1）编写前端页面

新建一个 HTML 页面，在该页面中添加一个“文件下载”按钮，通过该按钮来触发下载操作。用来下载文件的前端页面的关键代码如下：

```
<!DOCTYPE html>
<html lang="en" >
<head>
  <meta charset="UTF-8">
  <title>Title</title>
</head>
<body>
<form action="/download" method="post" enctype="multipart/form-data">
  <input type="submit" value=" 文件下载 "> </input>
</form>
</body>
</html>
```

2）编写 FileDownloadController 控制器

在 controller 包中新建一个 FileDownloadController 类，用来负责后端逻辑的实现。代码如下：

```
/**
  * 通用下载请求
```

```
  * @param fileName 文件名称
  * @param delete 是否删除
  */
 @GetMapping("common/download")
 public void fileDownload(String fileName, Boolean delete, HttpServletResponse response, HttpServletRequest
request)
 {
   try
   {
     if (!FileUtils.isValidFilename(fileName))
     {
       throw new Exception(StringUtils.format(" 文件名称 ({}) 非法，不允许下载。 ", fileName));
     }
     String realFileName = System.currentTimeMillis() + fileName.substring(fileName.indexOf("_") + 1);
     String filePath = RuoYiConfig.getDownloadPath() + fileName;

     response.setCharacterEncoding("utf-8");
     response.setContentType("multipart/form-data");
     response.setHeader("Content-Disposition","attachment;fileName=" + FileUtils.setFileDownloadHeader(
request, realFileName));
     FileUtils.writeBytes(filePath, response.getOutputStream());
     if (delete)
     {
       FileUtils.deleteFile(filePath);
     }
   }
   catch (Exception e)
   {
     log.error(" 下载文件失败 ", e);
   }
 }
/**
  * 输出指定文件的 byte 数组
  *
  * @param filePath 文件路径
  * @param os 输出流
  * @return
  */
 public static void writeBytes(String filePath, OutputStream os) throws IOException
 {
```

```
FileInputStream fis = null;
try
{
    File file = new File(filePath);
    if (!file.exists())
    {
        throw new FileNotFoundException(filePath);
    }
    fis = new FileInputStream(file);
    byte[] b = new byte[1024];
    int length;
    while ((length = fis.read(b)) > 0)
    {
        os.write(b, 0, length);
    }
}
catch (IOException e)
{
    throw e;
}
finally
{
    if (os != null)
    {
        try
        {
            os.close();
        }
        catch (IOException e1)
        {
            e1.printStackTrace();
        }
    }
    if (fis != null)
    {
        try
        {
            fis.close();
        }
        catch (IOException e1)
        {
```

```
                e1.printStackTrace();
            }
        }
    }
}
```

【任务评价】

评价项目	评价依据	优秀（100%）	良好（80%）	及格（60%）	不及格（0%）
任务理论背景（20 分）	清楚任务要求，解决方案清晰（10 分）				
	了解 MultipartResolver 接口及其两个常用实现类（10 分）				
任务实施过程及效果（80 分）	能够编写实现文件上传和下载功能的代码，并且代码运行正常（80 分）				

【任务拓展】

实际项目在运行时通常会对文件的上传与下载具有各种各样的限制，如对文件大小、传输速率、传输类型等方面进行限制。下面介绍一下如何对文件的上传与下载进行配置。

常见的配置方式有以下两种。

（1）在 application.properties 文件中修改。比如，在上传文件时，如果没有进行配置，则默认只能上传大小为几百 KB 的文件，如果想上传一个大小为 20MB 的文件，则应该在 application.properties 文件中进行以下配置：

```
multipart.maxFileSize=30MB
multipart.maxRequestSize=30MB
```

（2）新建一个文件上传与下载的配置类，在该类中用 @Bean 注解的方式对上传文件的大小进行配置。代码如下：

```
@Bean
public MultipartConfigElement multipartConfigElement() {
    MultipartConfigFactory factory = new MultipartConfigFactory();
    // factory.setMaxFileSize(1024);
    // 单个文件最大
    factory.setMaxFileSize("10240KB"); // 10240KB 为 10MB
    /// 设置上传数据的总大小
    factory.setMaxRequestSize("102400KB");
```

```
    return factory.createMultipartConfig();
}
```

任务 4.4 处理竞赛信息流转中的异常

任务情景

【任务场景】

系统运行时难免会产生各种各样的异常情况。这些异常有的是程序员的逻辑失误造成的，而有的则是一些不可控的因素造成的。我们可以在程序中使用 try-catch 机制来处理可能遇到的异常，从而增加系统的健壮性。但当遇到异常时，系统不应该直接将原始的错误信息呈现给用户，给用户呈现的信息应该是经过处理过的提示信息。这样既能减少敏感信息被不怀好意的人发现和利用，又能增强提示的可读性。那么，是否需要在每个 catch 代码段中都进行错误转化呢？当然不必，因为 Spring Boot 框架已经提供了便捷的机制来简化这部分工作。

【任务布置】

在项目中配置全局异常处理类，用来统一处理程序中的异常。

知识准备

4.4.1 @ControllerAdvice 注解和 @ExceptionHandler 注解

Spring Boot 框架有一套针对异常的处理机制，当程序运行出现异常时，默认会显示一个报错页面——“Whitelabel Error Page”页面，如图 4-4 所示。如果开发人员创建了名称为 error 的错误提示页面，则出现异常时就会显示开发人员开发的错误提示页面。

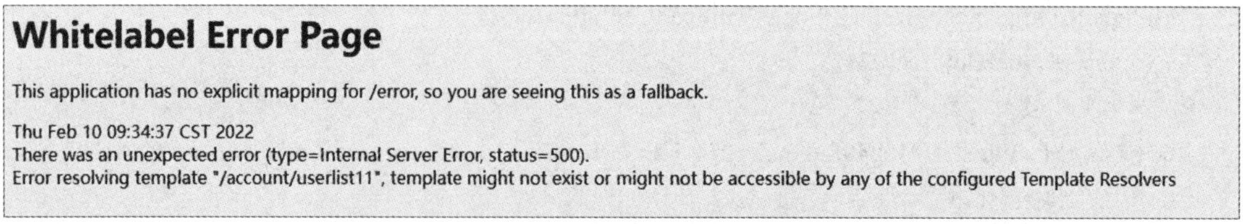

Whitelabel Error Page

This application has no explicit mapping for /error, so you are seeing this as a fallback.

Thu Feb 10 09:34:37 CST 2022
There was an unexpected error (type=Internal Server Error, status=500).
Error resolving template "/account/userlist11", template might not exist or might not be accessible by any of the configured Template Resolvers

◎ 图 4-4 默认的报错页面

1. @ControllerAdvice 注解

@ControllerAdvice 注解的类表示一个增强的控制器，可以将其作为全局异常处理类。此外，这个增强的控制器还能够实现全局数据绑定、全局数据预处理等功能。这些功能的实现需要搭配 @ExceptionHandler、@InitBinder、@ModelAttribute 等可以用在方法上的注解。

@ControllerAdvice 注解的类的这些“全局”功能必须面向所有的控制器开放吗？不一定。该注解可以通过给 basePackages、annotations、assignableTypes、value 等属性赋值来限定特定的控制器。这些属性的值默认为空，表示将处理所有控制器产生的异常。而当为属性赋值时，就限定了需要处理异常的控制器。例如，@ControllerAdvice(basePackages="org.demo.pkg") 注解就只能对 demo 包下面的控制器开放。

2. @ExceptionHandler 注解

@ExceptionHandler 注解主要用在方法上，表示该方法会处理指定的异常。当该注解没有属性值时，表示会处理对应方法的参数中任意类型的异常。而当该注解有属性值时，就表明只处理参数指定的异常。例如，@ExceptionHandler(RuntimeException.class) 就表示添加了该注解的方法或 Controller 类只处理发生的运行时异常，其他类型的异常不进行处理。当不同处理器处理的异常有继承关系时，遵循就近原则，即在处理异常时，优先选择当前异常类匹配的处理器，只有当找不到该异常类匹配的处理器时才寻找其父类匹配的处理器。

4.4.2　实现 HandlerExceptionResolver 接口

在 Spring Boot 项目中，默认使用 ExceptionHandlerExceptionResolver 对象来处理程序中遇到的异常。ExceptionHandlerExceptionResolver 类是 HandlerExceptionResolver 接口的实现类之一。

HandlerExceptionResolver 是 Spring MVC 框架九大组件之一，用来处理发生的异常。Spring MVC 框架的 DispatchServlet 在初始化时，会去容器中查找 HandlerExceptionResolver 接口的实现类，用来处理程序中可能出现的异常。

HandlerExceptionResolver 接口只有一个方法，即 resolveException() 方法，代码如下：

```
public interface HandlerExceptionResolver {
    @Nullable
    ModelAndView resolveException(
    HttpServletRequest request, HttpServletResponse response, @Nullable Object handler, Exception ex);
}
```

由上述代码可知，resolveException() 方法共有 4 个参数，分别是传入的请求、响应、查找到的处理器、发生的异常。该方法会返回对请求解析后表示异常的 ModelAndView 视图。

开发人员可以自己实现 HandlerExceptionResolver 接口，替换 Spring Boot 框架默认配置的 ExceptionHandlerExceptionResolver 类。

任务实施

【工作流程】

处理竞赛信息流转中的异常

处理竞赛信息流转中的异常的主要流程如图 4-5 所示。

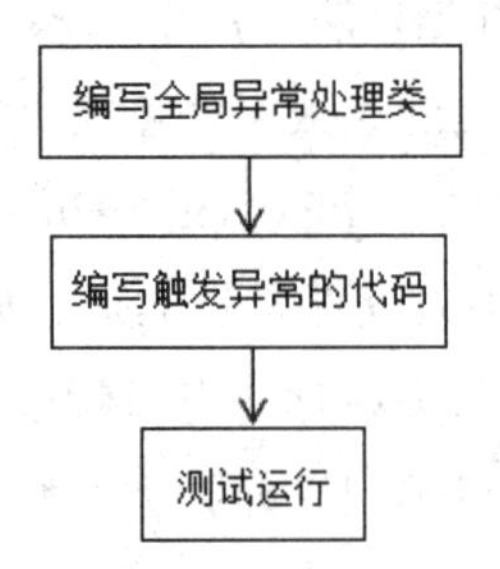

◎ 图 4-5　处理竞赛信息流转中的异常的主要流程

【操作步骤】

1. 编写全局异常处理类

新建一个 GlobalExceptionHandler 类，并在类名上添加 @RestControllerAdvice 注解（该注解为 @ControllerAdvice 注解和 @ResponseBody 注解的叠加）。根据处理异常的不同在该类中添加多个方法，并在各个方法上添加 @ExceptionHandler 注解和该注解的参数，用来限定该方法处理的特定类型的异常。代码如下：

```
/**
 * 全局异常处理类
 */
@RestControllerAdvice
public class GlobalExceptionHandler {
  private static final Logger log = LoggerFactory.getLogger(GlobalExceptionHandler.class);

  /**
   * 基础异常
```

```
 */
@ExceptionHandler(BaseException.class)
public AjaxResult baseException(BaseException e)
{
    return AjaxResult.error(e.getMessage());
}

/**
 * 业务异常
 */
@ExceptionHandler(CustomException.class)
public AjaxResult businessException(CustomException e)
{
    if (StringUtils.isNull(e.getCode()))
    {
        return AjaxResult.error(e.getMessage());
    }
    return AjaxResult.error(e.getCode(), e.getMessage());
}

@ExceptionHandler(NoHandlerFoundException.class)
public AjaxResult handlerNoFoundException(Exception e)
{
    log.error(e.getMessage(), e);
    return AjaxResult.error(HttpStatus.NOT_FOUND, "路径不存在，请检查路径是否正确");
}

@ExceptionHandler(AccessDeniedException.class)
public AjaxResult handleAuthorizationException(AccessDeniedException e)
{
    log.error(e.getMessage());
    return AjaxResult.error(HttpStatus.FORBIDDEN, "没有权限，请联系管理员授权");
}

@ExceptionHandler(AccountExpiredException.class)
public AjaxResult handleAccountExpiredException(AccountExpiredException e)
{
    log.error(e.getMessage(), e);
    return AjaxResult.error(e.getMessage());
}
```

```
@ExceptionHandler(UsernameNotFoundException.class)
public AjaxResult handleUsernameNotFoundException(UsernameNotFoundException e)
{
    log.error(e.getMessage(), e);
    return AjaxResult.error(e.getMessage());
}

@ExceptionHandler(Exception.class)
public AjaxResult handleException(Exception e)
{
    log.error(e.getMessage(), e);
    return AjaxResult.error(e.getMessage());
}

/**
 * 自定义验证异常
 */
@ExceptionHandler(BindException.class)
public AjaxResult validatedBindException(BindException e)
{
    log.error(e.getMessage(), e);
    String message = e.getAllErrors().get(0).getDefaultMessage();
    return AjaxResult.error(message);
}

/**
 * 自定义验证异常
 */
@ExceptionHandler(MethodArgumentNotValidException.class)
public Object validExceptionHandler(MethodArgumentNotValidException e)
{
    log.error(e.getMessage(), e);
    String message = e.getBindingResult().getFieldError().getDefaultMessage();
    return AjaxResult.error(message);
}
}
```

2. 编写触发异常的代码

新建一个 ExceptionController 类，在访问方法中直接抛出自定义的异常。代码如下：

```
@RestController
public class ExceptionController {
  @RequestMapping("/json")
  public String json() throws Exception {
    throw new BindException(" 发生错误啦啦啦啦 ");
  }
```

3. 测试运行

运行程序，打开浏览器，访问“localhost://8080/json”，运行结果如图 4-6 所示。

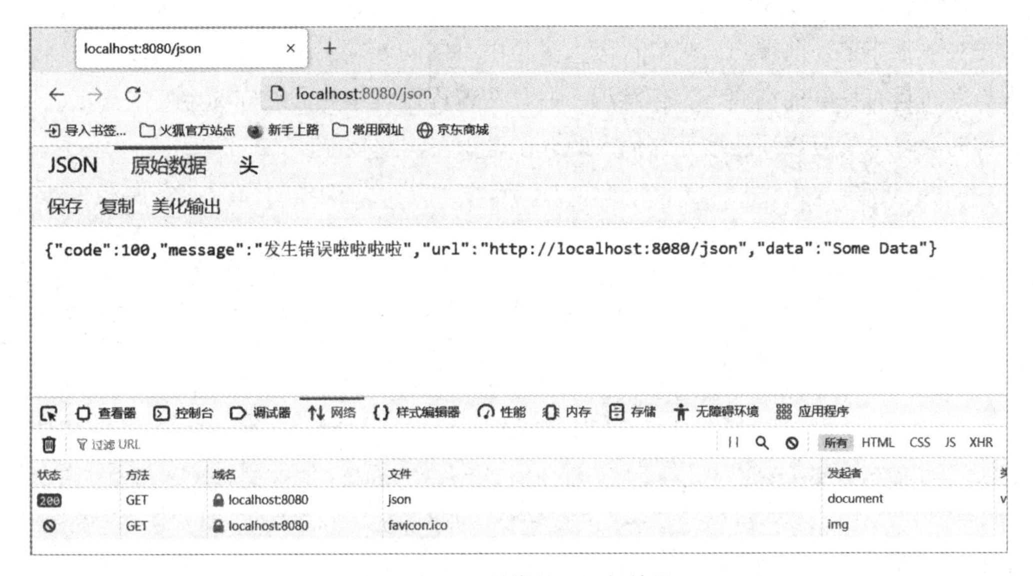

◎ 图 4-6　异常处理运行结果

由图 4-6 可知，前端页面成功返回了异常处理所携带的信息。

【任务评价】

评价项目	评价依据	优秀（100%）	良好（80%）	及格（60%）	不及格（0%）
任务理论背景（20 分）	清楚任务要求，解决方案清晰（10 分）				
	理解 @ControllerAdvice 和 @ExceptionHandler 注解的作用（10 分）				
任务实施过程及效果（80 分）	能够编写完成竞赛信息流转中异常的处理的代码，并且代码运行正常（80 分）				

总结归纳

本单元介绍了 Spring Boot 框架下 Web 项目的一些常见问题，包括前端与后端的数据交互格式、数据校验、文件的上传与下载、异常处理。通过 4 个任务，让读者了解了当在 Web 项目中遇到这些功能需求时的解决方法。希望通过对本单元内容的学习，读者能够上手开发一个简单的 Web 项目。

思政一刻

在实际工作中，前端和后端的代码大多是由不同的开发人员分别完成的，这就需要开发人员之间具有良好的沟通、合作意识，并且在编程过程中共同遵守约定好的规则。读者在日常的学习中就应该注意培养与他人的合作意识与沟通技能。

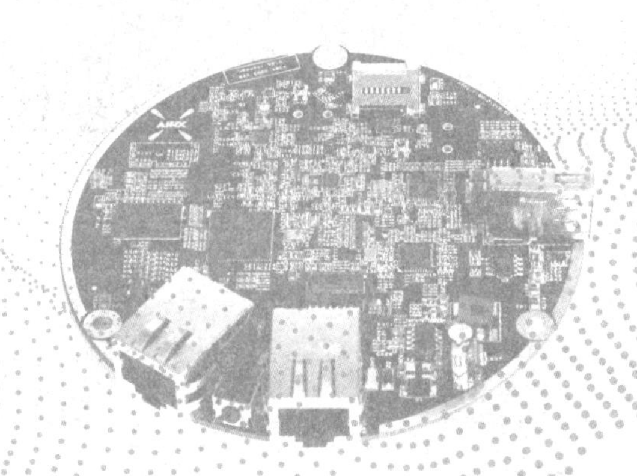

单元 5

竞赛信息存取

学习目标

- 理解 MyBatis 对数据的操作方法和实现原理，学会常见的数据查询和操作方式。
- 能够将 MyBatis 整合入 Spring Boot 框架，并应用对数据的常见查询和操作方式。
- 掌握 Redis 实现数据缓存的原理，以及数据类型和基础命令。
- 能够将 Redis 整合入 Spring Boot 框架，并应用其实现数据缓存功能。

任务 5.1　实现竞赛信息的持久化存储

任务情境

【任务场景】

在 Spring Boot 实际项目中，需要对数据进行增加、删除、修改、查询等操作，这时就需要一个合适的持久层框架来实现数据在数据库的持久化存储及读取操作。

【任务布置】

本任务通过将 MyBatis 整合入 Spring Boot 框架并加以应用，从而实现竞赛信息的持久化存储，同时练习常见的数据处理方法，如自动分页、多表联查等。

知识准备

5.1.1 MyBatis 简述

1. 基本信息

MyBatis 的前身为 iBatis，其于 2002 年由 Clinton Begin 发布，是 Apache 软件基金会（Apache Software Foundation，ASF）的一个开源项目，“iBatis”这个词是“internet”和“abatis”两个单词的组合，其是一个基于 Java 的持久层框架。

2010 年，Apache 软件基金会将这个项目迁移到 Google Code，并且改名为 MyBatis，后来又在 2013 年 11 月将其迁移到 GitHub。

MyBatis 是一款优秀的持久层框架，它支持定制化 SQL、存储过程及高级映射等。MyBatis 免除了几乎所有的 JDBC（Java Database Connectivity，Java 数据库连接）代码，以及手动设置参数和获取结果集的工作。相对地，MyBatis 可以使用简单的 XML 或注解来配置和映射原生信息，将接口和 Java 的 POJO（Plain Old Java Object，普通的 Java 对象）映射成数据库中的记录。

它的特点有：MyBatis 内部封装了 JDBC，简化了加载驱动、创建连接、创建 Statement 等繁杂的过程，开发人员只需要关注 SQL 语句本身即可；MyBatis 支持定制化 SQL、存储过程及高级映射，可以在实体类和 SQL 语句之间建立映射关系，是一种半自动化的 ORM（Object Relational Mapping，对象关系映射）实现。

想一想：

MyBatis 是一个开源的、轻量级的数据持久化框架，是 JDBC 和 Hibernate 的替代方案，那么它相对于 JDBC 和 Hibernate 有什么优点呢？

和 Hibernate 相比，MyBatis 的封装性低于 Hibernate，但性能更加优秀，体积小巧，简单易学，应用也更加广泛。

和 JDBC 相比，MyBatis 减少了一半以上的代码量，并且满足高并发和高响应的要求，这是 JDBC 所欠缺的。

2. MyBatis 的总体流程

1）加载配置并初始化

（1）触发条件：加载配置文件。

（2）处理过程：将 SQL 的配置信息加载成为相应的 MappedStatement 对象（包括传入

参数映射配置、执行的 SQL 语句、结果映射配置等），并将该对象存储在内存中。

2）接收调用请求

（1）触发条件：调用 MyBatis 提供的 API 接口。

（2）传入参数：传入参数是 SQL 的 ID 和传入参数对象。

（3）处理过程：将请求传递给下层的请求处理层进行处理。

3）处理操作请求

（1）触发条件：API 接口层传递请求过来。

（2）传入参数：传入参数是 SQL 的 ID 和传入参数对象。

（3）处理过程：

① 根据 SQL 标签的 ID 查找对应的 MappedStatement 对象。

② 根据传入参数对象解析 MappedStatement 对象，得到最终要执行的 SQL 语句和传入参数。

③ 获取数据库连接，将得到的 SQL 语句和传入参数传到数据库中执行，并得到执行结果。

④ 根据 MappedStatement 对象中的结果映射配置对得到的执行结果进行转换处理，并得到最终的处理结果。

⑤ 释放连接资源。

⑥ 将最终的处理结果返回。

3. MyBatis 的功能架构

MyBatis 的功能架构分为三层，即接口层、数据处理层、基础支撑层，如图 5-1 所示。

（1）接口层：提供给外部使用的 API 接口，开发人员通过这些本地 API 接口来操纵数据库。接口层一接收到调用请求就会调用数据处理层来完成具体的数据处理。

（2）数据处理层：负责具体的参数映射、SQL 解析、SQL 执行和执行结果映射处理等。它主要的目的是根据调用的请求完成一次数据库操作。

（3）基础支撑层：负责最基础的功能支撑，包括连接管理、事务管理、配置加载和缓存处理等，这些功能都是共用的功能，将它们抽取出来作为最基础的组件，为上层的数据处理层提供最基础的支撑。

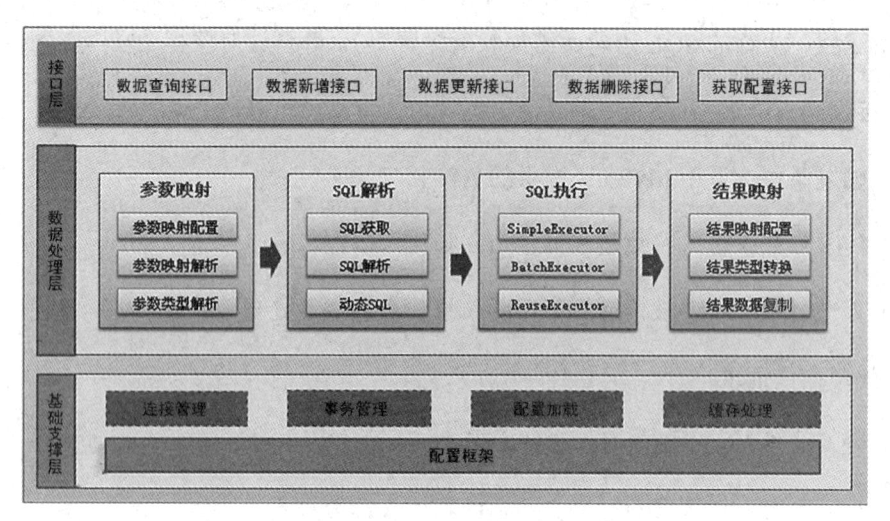

◎ 图 5-1 MyBatis 的功能架构

5.1.2 MyBatis 的 XML 方式和注解方式

MyBatis 提供了两种基本用法：XML 方式和注解方式。MyBatis 3.0 对比 MyBatis 2.0 的一个最大的变化就是支持使用接口来调用方法。使用接口会方便很多，MyBatis 使用 Java 的动态代理可以直接通过接口来调用相应的方法，不需要提供接口的实现类。当有多个参数时，通过参数注解 @Param 设置参数的名字可以省去手动构造 Map 参数的过程，尤其是在 Spring Boot 框架中使用时，可以配置为自动扫描所有的接口类，直接将接口注入需要用到的地方。

1. MyBatis 的 XML 方式

MyBatis 示例

（1）配置 mapper。

首先在 MyBatis 的配置文件中配置所有的 mapper（如 resources 下的 mybatis-config.xml 文件），以下两种配置方式都可以实现。第一种配置方式比较麻烦，每次添加一个 mapper 都需要在这个配置文件中添加该 mapper 的配置；建议采用第二种配置方式，直接配置到 mapper 所在的包。

```
<mappers>

    <!-- 第一种：这种配置方式是每个 mapper 都需要一一配置，比较麻烦 -->

    <!--<mapper resource="ruoyi/mybatis/simple/mapper/CountryMapper.xml"/>-->

    <!--<mapper resource="ruoyi/mybatis/simple/mapper/PrivilegeMapper.xml"/>-->
```

 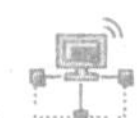

```
    <!--<mapper resource="ruoyi/mybatis/simple/mapper/RoleMapper.xml"/>-->

    <!--<mapper resource="ruoyi/mybatis/simple/mapper/RolePrivilegeMapper.xml"/>-->

    <!--<mapper resource="ruoyi/mybatis/simple/mapper/UserMapper.xml"/>-->

    <!--<mapper resource="ruoyi/mybatis/simple/mapper/UserRoleMapper.xml"/>-->

    <!-- 第二种：一行配置语句即可同时加载该包下所有的 Mapper 文件 -->

    <package name="ruoyi.mybatis.simple.mapper"/>

  </mappers>
```

（2）<select> 标签的示例代码如下：

```
<select id="selectAll" resultType="ruoyi.mybatis.simple.model.SysUser">
    SELECT id,
    user_name userName,
    user_password userPassword,
    user_email userEmail,
    user_info userInfo,
    head_img headImg,
    create_time createTime
    FROM sys_user
</select>
```

- <select>：映射查询语句使用的标签。
- id：命名空间中的唯一标识符，用来代表这条语句。
- resultType：设置返回结果的类型，需要在 SQL 语句中为所有列名和属性名不一致的列设置别名，通过设置别名使最终的查询结果列和 resultType 指定对象的属性名保持一致，从而实现自动映射。

上述代码中的“resultType”是 model 类的全限定名称，这样写比较麻烦，为了简单，可以在配置文件中添加 typeAliases 配置，配置包的别名。代码如下：

```
<typeAliases>
    <package name="ruoyi.mybatis.simple.model" />
</typeAliases>
```

如果数据库中的列名和属性名不一致，则需要在 SQL 语句中为所有列名设置别名。程序员在编码时都遵从一定的规范，例如，类名遵从大驼峰的命名规则，方法名和变量名遵从小驼峰的命名规则。在XML中也遵从这样的规则，比如当查询出的结果映射到model类时，列名遵从小驼峰的命名规则。可以在MyBatis的配置文件中添加配置，这样就可以不用每次都给列名指定别名了。代码如下：

```
<settings>
    <!-- 指定使用 log4j 输出日志 -->
    <setting name="logImpl" value="LOG4J"/>
    <!-- 数据库字段的命名规则自动转换为小驼峰的命名规则，不必再写别名 -->
    <setting name="mapUnderscoreToCamelCase" value="true"/>
</settings>
```

修改完之后，可以将上面的方法简写为以下形式：

```
<select id="selectAll" resultType="SysUser">
    SELECT id,
    user_name,
    user_password,
    user_email,
    user_info,
    head_img,
    create_time
    FROM sys_user
</select>
```

（3）<insert>标签的示例代码如下：

```
<insert id="insert">
    insert into sys_user(
    id,user_name,user_password,user_email,user_info,head_img,create_time
    )
    VALUES (
    #{id},#{userName},#{userPassword},#{userEmail},#{userInfo},
    #{headImg,jdbcType=BLOB},#{createTime,jdbcType=TIMESTAMP}
    )
</insert>
```

<insert>标签的属性介绍如下。

- id：命名空间中的唯一标识符。
- parameterType：将要传入语句的参数的类型的完全限定名或别名。可选，一般程序会自动识别传入参数的类型，建议不配置此项。
- flushCache：默认值为true，任何时候只要语句被调用，都会清空一级缓存和二级缓存。

- useGeneratedKeys：默认值为 false，如果将该属性的值设置为 true，则 MyBatis 会使用 JDBC 的 getGeneratedKeys() 方法获取由数据库内部生成的主键。
- keyProperty：MyBatis 使用 JDBC 的 getGeneratedKeys() 方法获取主键后将要赋值的属性名。
- keyColumn：数据库中的属性名。

（4）<update> 标签的示例代码如下：

```
<update id="updateById" >
    update sys_user
    set user_name = #{userName},
    user_password = #{userPassword},
    user_email=#{userEmail},
    user_info = #{userInfo},
    head_img = #{headImg,jdbcType=BLOB},
    create_time = #{createTime,jdbcType=TIMESTAMP}
    WHERE  id = #{id}
</update>
```

（5）<delete> 标签的示例代码如下：

```
<delete id="deleteById">
    DELETE FROM sys_user where id = #{id}
</delete>
```

（6）当接口的方法有多个参数时，参数必须使用 @Param 注解进行修饰。示例代码如下：

```
List<SysRole> selectRoleByUserIdAndRoleEnabled(@Param("userId")Long userId,@Param("enabled")Integer
enabled);
```

2. MyBatis 的注解方式

可以通过在方法上使用注解的方式实现 SQL 语句的执行。

（1）在方法上使用 @Select 注解。示例代码如下：

```
/**
  * 通过 id 查询用户
  * @param id
  * @return
  */
 @Select({"select id,role_name roleName,enabled,create_by createBy,create_time createTime",
 "from sys_role",
 "where id = #{id}"})
```

```
SysUser selectById(Long id);
```

（2）在方法上使用 @Insert 注解、@Update 注解、@Delete 注解等，格式与在方法上使用 @Select 注解的格式类似。

（3）在注解中使用 ResultMap。示例代码如下：

```
@Results(id="roleResultMap",value = {
  @Result(property = "id",column = "id",id=true),
    // 其他 ....
})
```

在接口上通过 id 引用 ResultMap 的示例代码如下：

```
@ResultMap("roleResultMap")
SysUser selectById(Long id);
```

5.1.3 MyBatis 多表联查

当需要从数据库获取的数据不只是一个表的数据，而是两个或两个表以上整合或分别提取的字段时，例如，以员工和部门为例，要查一个部门内所有员工的信息，因为部门表和员工表是分开定义的，这时就需要用到多表联合查询。这里以一对一关系为例。

以员工和部门为例，要查一个员工所在部门的信息，一个员工对应着一个部门，所以是一对一的关系。这里创建两个实体类员工和部门，同时在数据库中创建两个对应的表，并在员工表中保存部门号且部门号是部门表的外键。接下来看实现代码。

1. 方式一

实现代码如下：

```
<select id="selectById" resultMap="result">
    select * from tbl_emp,tnl_dept where emp_id=#{id} and d_id=dept_id
</select>
<resultMap id="result" type="Userinfo">
  <id property="empId" column="emp_id"></id>
  <result property="empName" column="emp_name"></result>
  <result property="gender" column="gender"></result>
  <result property="email" column="email"></result>
  <result property="dId" column="d_id"></result>
  <association property="dept" javaType="Dept">
    <id property="deptId" column="dept_id"></id>
    <result property="deptName" column="dept_name"></result>
  </association>
</resultMap>
```

当然也可以用自然连接编写上面的查询语句，即将 <select></select> 标签对中的语句修改为下面的语句：

```
select * from tbl_emp INNER JOIN tnl_dept  on d_id=dept_id where emp_id=#{id}
```

使用这种方式，只要查询语句没有写错都能成功，查询结果如图 5-2 所示。

```
{"empId":6,"empName":"a8e25","gender":1,"email":"hq1@qq.com","dept":{"deptId":1,"userinfos":null,"deptName":"计算机"},"did":1}
```

◎ 图 5-2　采用多表联查方式的查询结果

由图 5-2 可以看到，我们查到了员工及其对应部门的信息，忽略其中的 userinfos，这是后面在进行一对多查询时用到的字段。

2. 方式二

方式二比较复杂，需要分步查询，编写多个 query 语句。实现代码如下：

```
<select id="selectById" resultMap="result" flushCache="true">
    select * from tbl_emp where emp_id=#{id}
</select>
<resultMap id="result"  type="Userinfo" >
  <id property="empId" column="emp_id"></id>
  <result property="empName" column="emp_name"></result>
  <result property="gender" column="gender"></result>
  <result property="email" column="email"></result>
  <result property="dId" column="d_id"></result>
  <association property="dept" javaType="Dept" column="d_id" select="selectdp">
    <id property="deptId" column="dept_id"></id>
    <result property="deptName" column="dept_name"></result>
  </association>
</resultMap>
<select id="selectdp" resultType="Dept">
  select * from tnl_dept where dept_id=#{d_id}
</select>
```

运行上述代码，依然可以查询到结果。

5.1.4　MyBatis 一对多和多对一查询

1. 一对多和多对一查询

一对多和多对一查询出来的结果是一样的。比如，一个老师对应多个学生，反过来就是多个学生对应一个老师，只是站的角度不一样，但查询出来的结果是一样的。下面以查询一个部门中的所有员工的信息为例。

（1）方式一的实现代码如下：

```
<select id="findDept" resultMap="result2">
    select * from tbl_emp,tnl_dept where  dept_id=d_id and dept_id=#{id}
</select>
<resultMap id="result2" type="Dept">
    <id property="deptId" column="dept_id"></id>
     <result property="deptName" column="dept_name"></result>
  <collection property="userinfos" ofType="Userinfo">
     <id property="empId" column="emp_id"></id>
     <result property="empName" column="emp_name"></result>
     <result property="gender" column="gender"></result>
     <result property="email" column="email"></result>
     <result property="dId" column="d_id"></result>
  </collection>
</resultMap>
```

查询结果如图 5-3 所示。

{"deptId":2,"userinfos":[{"empId":1,"empName":"张三","gender":2,"email":"666@qq.com","dept":null,"did":2},{"empId":11,"empName":"b5dfc","gender":2,"email":"sdsddgf@qq.com","dept":null,"did":2},{"empId":1000,"empName":"陈阳阳","gender":1,"email":"mac@qq.com","dept":null,"did":2},{"empId":1002,"empName":"陈火火","gender":2,"email":"133@qq.com","dept":null,"did":2},{"empId":1004,"empName":"马超","gender":1,"email":"12f@qq.com","dept":null,"did":2},{"empId":1006,"empName":"张三2","gender":2,"email":"11@qq.com","dept":null,"did":2}],"deptName":"UI设计"}

◎ 图 5-3　一对多和多对一查询结果

（2）方式二的实现代码如下：

```
<select id="findDept" resultMap="result5">
    select * from tnl_dept where dept_id=#{id}
</select>
<resultMap id="result5" type="Dept">
  <id property="deptId" column="dept_id"></id>
  <result property="deptName" column="dept_name"></result>
  <collection property="userinfos" column="{did=dept_id}" select="selectUsers" ofType="Userinfo">
     <id property="empId" column="emp_id"></id>
     <result property="empName" column="emp_name"></result>
     <result property="gender" column="gender"></result>
     <result property="email" column="email"></result>
     <result property="dId" column="d_id"></result>
  </collection>
</resultMap>
<select id="selectUsers" resultType="Userinfo">
  select * from tbl_emp where d_id=#{did}
```

```
</select>
```

运行上述代码，查询结果与图 5-3 所示查询结果是一样的。

2. 扩展内容：多对多

如果要查询所有员工的信息及员工所在部门的信息，就需要分步查询了。代码如下：

```
<select id="findAll" resultMap="result3">
    select * from tbl_emp
</select>
<resultMap id="result3" type="Userinfo">
  <id property="empId" column="emp_id"></id>
  <result property="empName" column="emp_name"></result>
  <result property="gender" column="gender"></result>
  <result property="email" column="email"></result>
  <result property="dId" column="d_id"></result>
  <association property="dept" javaType="Dept" column="{deptId=d_id}" select="selectDept">
    <id property="deptId" column="dept_id"></id>
    <result property="deptName" column="dept_name"></result>
  </association>
</resultMap>
<select id="selectDept" resultType="Dept">
  select * from tnl_dept where dept_id=#{deptId}
</select>
```

查询结果如图 5-4 所示。

[{"empId":1,"empName":"张三","gender":2,"email":"666@qq.com","dept":{"deptId":2,"userinfos":null,"deptName":"UI设计"},"did":2},{"empId":2,"empName":"李四","gender":1,"email":"qq.com","dept":{"deptId":1,"userinfos":null,"deptName":"计
算机"},"did":1},{"empId":3,"empName":"王五","gender":1,"email":"wb.com","dept":{"deptId":1,"userinfos":null,"deptName":"计算机"},"did":1},{"empId":4,"empName":"c7cec","gender":1,"email":"hql@qq.com","dept":
{"deptId":1,"userinfos":null,"deptName":"计算机"},"did":1},{"empId":5,"empName":"3cbe1","gender":1,"email":"hql@qq.com","dept":{"deptId":1,"userinfos":null,"deptName":"计算机"},"did":1},
{"empId":6,"empName":"a8e25","gender":1,"email":"hql@qq.com","dept":{"deptId":1,"userinfos":null,"deptName":"计算机"},"did":1},{"empId":7,"empName":"464ef","gender":1,"email":"hql@qq.com","dept":
{"deptId":1,"userinfos":null,"deptName":"计算机"},"did":1},{"empId":8,"empName":"3c2a0","gender":1,"email":"hql@qq.com","dept":{"deptId":1,"userinfos":null,"deptName":"计算机"},"did":1},
{"empId":9,"empName":"d5f37","gender":1,"email":"hql@qq.com","dept":{"deptId":1,"userinfos":null,"deptName":"计算机"},"did":1},{"empId":10,"empName":"a4e73","gender":1,"email":"hql@qq.com","dept":
{"deptId":1,"userinfos":null,"deptName":"计算机"},"did":1},{"empId":11,"empName":"b5dfc","gender":2,"email":"sdsddgf@qq.com","dept":{"deptId":2,"userinfos":null,"deptName":"UI设计"},"did":2},
{"empId":12,"empName":"ea84a","gender":1,"email":"hql@qq.com","dept":{"deptId":1,"userinfos":null,"deptName":"计算机"},"did":1},{"empId":13,"empName":"f71c9","gender":1,"email":"hql@qq.com","dept":
{"deptId":1,"userinfos":null,"deptName":"计算机"},"did":1},{"empId":14,"empName":"6b0d6","gender":1,"email":"hql@qq.com","dept":{"deptId":1,"userinfos":null,"deptName":"计算机"},"did":1},
{"empId":15,"empName":"fbe76","gender":1,"email":"hql@qq.com","dept":{"deptId":1,"userinfos":null,"deptName":"计算机"},"did":1},{"empId":16,"empName":"90226","gender":1,"email":"hql@qq.com","dept":
{"deptId":1,"userinfos":null,"deptName":"计算机"},"did":1},{"empId":17,"empName":"97909","gender":1,"email":"hql@qq.com","dept":{"deptId":1,"userinfos":null,"deptName":"计算机"},"did":1},
{"empId":18,"empName":"d6d10","gender":1,"email":"hql@qq.com","dept":{"deptId":1,"userinfos":null,"deptName":"计算机"},"did":1},{"empId":19,"empName":"71db1","gender":1,"email":"hql@qq.com","dept":
{"deptId":1,"userinfos":null,"deptName":"计算机"},"did":1},{"empId":20,"empName":"99d8c","gender":1,"email":"hql@qq.com","dept":{"deptId":1,"userinfos":null,"deptName":"计算机"},"did":1},
{"empId":21,"empName":"8b2a6","gender":1,"email":"hql@qq.com","dept":{"deptId":1,"userinfos":null,"deptName":"计算机"},"did":1},{"empId":22,"empName":"00586","gender":1,"email":"hql@qq.com","dept":
{"deptId":1,"userinfos":null,"deptName":"计算机"},"did":1},{"empId":23,"empName":"866c9","gender":1,"email":"hql@qq.com","dept":{"deptId":1,"userinfos":null,"deptName":"计算机"},"did":1},
{"empId":24,"empName":"46582","gender":1,"email":"hql@qq.com","dept":{"deptId":1,"userinfos":null,"deptName":"计算机"},"did":1},{"empId":25,"empName":"66d5c","gender":1,"email":"hql@qq.com","dept":
{"deptId":1,"userinfos":null,"deptName":"计算机"},"did":1},{"empId":26,"empName":"6ea93","gender":1,"email":"hql@qq.com","dept":{"deptId":1,"userinfos":null,"deptName":"计算机"},"did":1},
{"empId":27,"empName":"8a749","gender":1,"email":"hql@qq.com","dept":{"deptId":1,"userinfos":null,"deptName":"计算机"},"did":1},{"empId":28,"empName":"6f483","gender":1,"email":"hql@qq.com","dept":
{"deptId":1,"userinfos":null,"deptName":"计算机"},"did":1},{"empId":29,"empName":"61be9","gender":1,"email":"hql@qq.com","dept":{"deptId":1,"userinfos":null,"deptName":"计算机"},"did":1},
{"empId":30,"empName":"56ea5","gender":1,"email":"hql@qq.com","dept":{"deptId":1,"userinfos":null,"deptName":"计算机"},"did":1},{"empId":31,"empName":"177da","gender":1,"email":"hql@qq.com","dept":
{"deptId":1,"userinfos":null,"deptName":"计算机"},"did":1},{"empId":32,"empName":"ca7c8","gender":1,"email":"hql@qq.com","dept":{"deptId":1,"userinfos":null,"deptName":"计算机"},"did":1},
{"empId":33,"empName":"b9d05","gender":1,"email":"hql@qq.com","dept":{"deptId":1,"userinfos":null,"deptName":"计算机"},"did":1},{"empId":34,"empName":"9e585","gender":1,"email":"hql@qq.com","dept":
{"deptId":1,"userinfos":null,"deptName":"计算机"},"did":1},{"empId":35,"empName":"ba4ed","gender":1,"email":"hql@qq.com","dept":{"deptId":1,"userinfos":null,"deptName":"计算机"},"did":1},
{"empId":36,"empName":"7a220","gender":1,"email":"hql@qq.com","dept":{"deptId":1,"userinfos":null,"deptName":"计算机"},"did":1},{"empId":37,"empName":"8f9d3","gender":1,"email":"hql@qq.com","dept":
{"deptId":1,"userinfos":null,"deptName":"计算机"},"did":1},{"empId":38,"empName":"373be","gender":1,"email":"hql@qq.com","dept":{"deptId":1,"userinfos":null,"deptName":"计算机"},"did":1},
{"empId":39,"empName":"dc0c6","gender":1,"email":"hql@qq.com","dept":{"deptId":1,"userinfos":null,"deptName":"计算机"},"did":1},{"empId":40,"empName":"70ca2","gender":1,"email":"hql@qq.com","dept":
{"deptId":1,"userinfos":null,"deptName":"计算机"},"did":1},{"empId":41,"empName":"c09b8","gender":1,"email":"hql@qq.com","dept":{"deptId":1,"userinfos":null,"deptName":"计算机"},"did":1},
{"empId":42,"empName":"14ac2","gender":1,"email":"hql@qq.com","dept":{"deptId":1,"userinfos":null,"deptName":"计算机"},"did":1},{"empId":43,"empName":"4267f","gender":1,"email":"hql@qq.com","dept":
{"deptId":1,"userinfos":null,"deptName":"计算机"},"did":1},{"empId":44,"empName":"41ca2","gender":1,"email":"hql@qq.com","dept":{"deptId":1,"userinfos":null,"deptName":"计算机"},"did":1},
{"empId":45,"empName":"8c1c2","gender":1,"email":"hql@qq.com","dept":{"deptId":1,"userinfos":null,"deptName":"计算机"},"did":1},{"empId":46,"empName":"291b7","gender":1,"email":"hql@qq.com","dept":
{"deptId":1,"userinfos":null,"deptName":"计算机"},"did":1},{"empId":47,"empName":"cdfeb","gender":1,"email":"hql@qq.com","dept":{"deptId":1,"userinfos":null,"deptName":"计算机"},"did":1},
{"empId":48,"empName":"0b764","gender":1,"email":"hql@qq.com","dept":{"deptId":1,"userinfos":null,"deptName":"计算机"},"did":1},{"empId":49,"empName":"fb27c","gender":1,"email":"hql@qq.com","dept":
{"deptId":1,"userinfos":null,"deptName":"计算机"},"did":1},{"empId":50,"empName":"fc836","gender":1,"email":"hql@qq.com","dept":{"deptId":1,"userinfos":null,"deptName":"计算机"},"did":1},
{"empId":51,"empName":"0aa37","gender":1,"email":"hql@qq.com","dept":{"deptId":1,"userinfos":null,"deptName":"计算机"},"did":1},{"empId":52,"empName":"9867b","gender":1,"email":"hql@qq.com","dept":
{"deptId":1,"userinfos":null,"deptName":"计算机"},"did":1},{"empId":53,"empName":"4c6bc","gender":1,"email":"hql@qq.com","dept":{"deptId":1,"userinfos":null,"deptName":"计算机"},"did":1},
{"empId":54,"empName":"8e217","gender":1,"email":"hql@qq.com","dept":{"deptId":1,"userinfos":null,"deptName":"计算机"},"did":1},{"empId":55,"empName":"7bc7a","gender":1,"email":"hql@qq.com","dept":
{"deptId":1,"userinfos":null,"deptName":"计算机"},"did":1},{"empId":56,"empName":"6f174","gender":1,"email":"hql@qq.com","dept":{"deptId":1,"userinfos":null,"deptName":"计算机"},"did":1},
{"empId":57,"empName":"205fe","gender":1,"email":"hql@qq.com","dept":{"deptId":1,"userinfos":null,"deptName":"计算机"},"did":1},{"empId":58,"empName":"0713e","gender":1,"email":"hql@qq.com","dept":
{"deptId":1,"userinfos":null,"deptName":"计算机"},"did":1},{"empId":59,"empName":"dd2e4","gender":1,"email":"hql@qq.com","dept":{"deptId":1,"userinfos":null,"deptName":"计算机"},"did":1},
{"empId":60,"empName":"3d1ce","gender":1,"email":"hql@qq.com","dept":{"deptId":1,"userinfos":null,"deptName":"计算机"},"did":1},{"empId":61,"empName":"cc8fc","gender":1,"email":"hql@qq.com","dept":
{"deptId":1,"userinfos":null,"deptName":"计算机"},"did":1},{"empId":62,"empName":"6f0f0","gender":1,"email":"hql@qq.com","dept":{"deptId":1,"userinfos":null,"deptName":"计算机"},"did":1},
{"empId":63,"empName":"c42f7","gender":1,"email":"hql@qq.com","dept":{"deptId":1,"userinfos":null,"deptName":"计算机"},"did":1},{"empId":64,"empName":"70b53","gender":1,"email":"hql@qq.com","dept":
{"deptId":1,"userinfos":null,"deptName":"计算机"},"did":1},{"empId":65,"empName":"e6b80","gender":1,"email":"hql@qq.com","dept":{"deptId":1,"userinfos":null,"deptName":"计算机"},"did":1},
{"empId":66,"empName":"adc6c","gender":1,"email":"hql@qq.com","dept":{"deptId":1,"userinfos":null,"deptName":"计算机"},"did":1},{"empId":67,"empName":"2ac67","gender":1,"email":"hql@qq.com","dept":
{"deptId":1,"userinfos":null,"deptName":"计算机"},"did":1},{"empId":68,"empName":"72d4d","gender":1,"email":"hql@qq.com","dept":{"deptId":1,"userinfos":null,"deptName":"计算机"},"did":1},
{"empId":69,"empName":"2983e","gender":1,"email":"hql@qq.com","dept":{"deptId":1,"userinfos":null,"deptName":"计算机"},"did":1},{"empId":70,"empName":"dd3e1","gender":1,"email":"hql@qq.com","dept":
{"deptId":1,"userinfos":null,"deptName":"计算机"},"did":1},{"empId":71,"empName":"d55e5","gender":1,"email":"hql@qq.com","dept":{"deptId":1,"userinfos":null,"deptName":"计算机"},"did":1},
{"empId":72,"empName":"a2ad7","gender":1,"email":"hql@qq.com","dept":{"deptId":1,"userinfos":null,"deptName":"计算机"},"did":1},{"empId":73,"empName":"76884","gender":1,"email":"hql@qq.com","dept":
{"deptId":1,"userinfos":null,"deptName":"计算机"},"did":1},{"empId":74,"empName":"ba35e","gender":1,"email":"hql@qq.com","dept":{"deptId":1,"userinfos":null,"deptName":"计算机"},"did":1},
{"empId":75,"empName":"1fdb1","gender":1,"email":"hql@qq.com","dept":{"deptId":1,"userinfos":null,"deptName":"计算机"},"did":1},{"empId":76,"empName":"0ad02","gender":1,"email":"hql@qq.com","dept":
{"deptId":1,"userinfos":null,"deptName":"计算机"},"did":1},{"empId":77,"empName":"aca8d","gender":1,"email":"hql@qq.com","dept":{"deptId":1,"userinfos":null,"deptName":"计算机"},"did":1},

◎ 图 5-4 多对多查询结果

如果想一次查询，则查询语句可以写为以下形式：

```
select * from tbl_emp,tnl_dept where  dept_id=d_id
```

然后处理好映射关系即可。

5.1.5 MyBatis 实现自动分页的方式

1. SQL 语句分页

（1）在接口中定义分页的方法。代码如下：

```
List<Student> queryStudentsBySql(Map<String, Object> data);
```

（2）通过对应的 XML 文件获取所需节点的所有信息。代码如下：

```
<select id="queryStudentsBySql" parameterType="map" resultMap="studentMapper">
   select * from student limit #{currIndex}, #{pageSize}
</select>
```

（3）编写 Service 层。代码如下：

```
// 接口
List < Student > queryStudentsBySql(int currPage, int pageSize);
// 实现类
public List < Student > queryStudentsBySql(int currPage, int pageSize)
{
  Map < String, Object > data = new HashedMap();
  data.put("currIndex", (currPage - 1) * pageSize);
  data.put("pageSize", pageSize);
  return studentMapper.queryStudentsBySql(data);
}
```

2. 数组分页

（1）在接口中定义分页的方法。代码如下：

```
List < Student > queryStudentsByArray();
```

（2）通过对应的 XML 文件获取所需节点。代码如下：

```
<select id="queryStudentsByArray"  resultMap="studentMapper">
    select * from student
</select>
```

（3）编写 Service 层。代码如下：

```
// 接口
List < Student > queryStudentsByArray(int currPage, int pageSize);
```

```
// 实现接口
@Override
public List < Student > queryStudentsByArray(int currPage, int pageSize)
{
  // 查询全部数据
  List < Student > students = studentMapper.queryStudentsByArray();
  // 从第几条数据开始
  int firstIndex = (currPage - 1) * pageSize;
  // 到第几条数据结束
  int lastIndex = currPage * pageSize;
  return students.subList(firstIndex, lastIndex); // 直接在 List 中截取
}
```

（4）编写控制器。代码如下：

```
@ResponseBody
@RequestMapping("/student/array/{currPage}/{pageSize}")
public List < Student > getStudentByArray(@PathVariable("currPage") int currPage, @PathVariable("pageSize")
int pageSize)
{
  List < Student > student = StuServiceIml.queryStudentsByArray(currPage, pageSize);
  return student;
}
```

3. 拦截器分页

（1）创建拦截器，拦截 MyBatis 接口方法中 id 以“ByPage”结束的语句。代码如下：

```
package com.autumn.interceptor;
import org.apache.ibatis.executor.Executor;
import org.apache.ibatis.executor.parameter.ParameterHandler;
import org.apache.ibatis.executor.resultset.ResultSetHandler;
import org.apache.ibatis.executor.statement.StatementHandler;
import org.apache.ibatis.mapping.MappedStatement;
import org.apache.ibatis.plugin.*;
import org.apache.ibatis.reflection.MetaObject;
import org.apache.ibatis.reflection.SystemMetaObject;
import java.sql.Connection;
import java.util.Map;
import java.util.Properties;
/**
 * @Intercepts 说明是一个拦截器
 * @Signature 拦截器的签名
```

```
 * type 拦截的类型 四大对象之一
( Executor,ResultSetHandler,ParameterHandler,StatementHandler)
 * method 拦截的方法
 * args 参数，高版本需要加个 Integer.class 参数，否则会报错
 */
@Intercepts(
{
  @Signature(type = StatementHandler.class, method = "prepare", args = {
    Connection.class
  })
})
public class MyPageInterceptor implements Interceptor
{
  // 每页显示的条目数
  private int pageSize;
  // 当前现实的页数
  private int currPage;
  // 数据库类型
  private String dbType;
  @Override
  public Object intercept(Invocation invocation) throws Throwable
  {
    // 获取 StatementHandler 类的对象，默认是 RoutingStatementHandler
    StatementHandler statementHandler = (StatementHandler) invocation.getTarget();
    // 获取 StatementHandler 包装类对象
    MetaObject MetaObjectHandler = SystemMetaObject.forObject(statementHandler);
    // 分离代理对象链
    while (MetaObjectHandler.hasGetter("h"))
    {
      Object obj = MetaObjectHandler.getValue("h");
      MetaObjectHandler = SystemMetaObject.forObject(obj);
    }
    while (MetaObjectHandler.hasGetter("target"))
    {
      Object obj = MetaObjectHandler.getValue("target");
      MetaObjectHandler = SystemMetaObject.forObject(obj);
    }
    // 获取连接对象
    //Connection connection = (Connection) invocation.getArgs()[0];
    //object.getValue("delegate"); 获取 statementHandler 的实现类
    // 获取查询接口映射的相关信息
```

```
        MappedStatement mappedStatement = (MappedStatement) MetaObjectHandler.getValue("delegate.
mappedStatement");
        String mapId = mappedStatement.getId();
        //statementHandler.getBoundSql().getParameterObject();
        // 拦截以 .ByPage 结尾的请求，统一实现分页
        if (mapId.matches(".+ByPage$"))
        {
            // 获取在进行数据库操作时管理参数的 handler
            ParameterHandler parameterHandler = (ParameterHandler) MetaObjectHandler.getValue("delegate.
parameterHandler");
            // 获取请求时的参数
            Map < String, Object > paraObject = (Map < String, Object > ) parameterHandler.getParameterObject();
            // 也可以这样获取
            //paraObject = (Map<String, Object>) statementHandler.getBoundSql().getParameterObject();
            // 参数名称和在 service 中设置到 map 中的键名称一致
            currPage = (int) paraObject.get("currPage");
            pageSize = (int) paraObject.get("pageSize");
            String sql = (String) MetaObjectHandler.getValue("delegate.boundSql.sql");
            // 也可以通过 statementHandler 直接获取
            //sql = statementHandler.getBoundSql().getSql();
            // 构建实现分页功能的 SQL 语句
            String limitSql;
            sql = sql.trim();
            limitSql = sql + " limit " + (currPage - 1) * pageSize + "," + pageSize;
            // 将构建完成的实现分页功能的 SQL 语句赋值给 delegate.boundSql.sql
            MetaObjectHandler.setValue("delegate.boundSql.sql", limitSql);
        }
        // 调用原对象的方法，进入责任链的下一级
        return invocation.proceed();
    }
    // 获取代理对象
    @Override
    public Object plugin(Object o)
    {
        // 生成 Object 对象的动态代理对象
        return Plugin.wrap(o, this);
    }
    // 设置代理对象的参数
    @Override
    public void setProperties(Properties properties)
    {
```

```
    /** 如果项目中分页的 pageSize 是统一的，则也可以在这里统一配置和获取，这样就不用每次请求都
传递 pageSize 参数了。参数是在配置拦截器时配置的 */
    String limit1 = properties.getProperty("limit", "10");
    this.pageSize = Integer.valueOf(limit1);
    this.dbType = properties.getProperty("dbType", "mysql");
  }
}
```

（2）配置 SqlMapConfig.xml 文件。代码如下：

```
<configuration>
  <plugins>
    <plugin interceptor="com.autumn.interceptor.MyPageInterceptor">
      <property name="limit" value="10"/>
      <property name="dbType" value="mysql"/>
    </plugin>
  </plugins>
</configuration>
```

（3）配置 MyBatis。代码如下：

```
<!-- 接口 -->
List<AccountExt> getAllBookByPage(@Param("currPage")Integer pageNo,@Param("pageSize")
Integer pageSize);
<!--XML 配置文件 -->
<sql id="getAllBooksql" >
 acc.id, acc.cateCode, cate_name, user_id,u.name as user_name, money, remark, time
</sql>
<select id="getAllBook" resultType="com.autumn.pojo.AccountExt" >
 select
 <include refid="getAllBooksql" />
 from account as acc
</select>
```

（4）编写 Service 层。代码如下：

```
public List < AccountExt > getAllBookByPage(String pageNo, String pageSize)
{
  return accountMapper.getAllBookByPage(Integer.parseInt(pageNo), Integer.parseInt(pageSize));
}
```

（5）编写控制器。代码如下：

```
@RequestMapping("/getAllBook")
@ResponseBody
public Page getAllBook(String pageNo, String pageSize, HttpServletRequest request, HttpServletResponse
```

```
response)
{
  pageNo = pageNo == null ? "1" : pageNo; // 当前页码
  pageSize = pageSize == null ? "5" : pageSize; // 页面大小
  // 获取当前页面数据
  List < AccountExt > list = bookService.getAllBookByPage(pageNo, pageSize);
  // 获取总数据大小
  int totals = bookService.getAllBook();
  // 封装返回结果
  Page page = new Page();
  page.setTotal(totals + "");
  page.setRows(list);
  return page;
}
```

5.1.6　Spring Boot 框架中的事务管理

1. 事务概念

事务是并发控制的单位，是用户定义的一个操作序列。事务具有 4 个特性：原子性、一致性、隔离性、持续性。

- 原子性（Atomicity）：指事务是数据库的逻辑工作单位，事务中包括的操作要么全做，要么全不做。
- 一致性（Consistency）：指事务执行的结果必须是使数据库从一个一致性状态变到另一个一致性状态。一致性与原子性是密切相关的。
- 隔离性（Isolation）：指一个事务的执行不能被其他事务干扰。
- 持续性（Durability）：也叫永久性，指一个事务一旦提交，它对数据库中数据的改变就应该是永久性的。

2. Spring Boot 框架中事务的配置

（1）在 pom.xml 文件中直接添加 Spring Boot 官方提供的 spring-boot-starter-data-jpa 模块或 spring-boot-starter-jdbc 模块等。代码如下：

```
<dependency>
  <groupId>org.springframework.boot</groupId>
  <artifactId>spring-boot-starter-data-jpa</artifactId>
  <version>1.3.6.RELEASE</version>
</dependency>
```

（2）在主方法上添加 @EnableConfigurationProperties 注解，用来启用事务管理。代码如下：

```
@SpringBootApplication
@RestController
// 启用注解事务管理，等同于 XML 配置方式中的 <tx:annotation-driven />
@EnableConfigurationProperties
public class AAAtstpApplication {
public static void main(String[] args) {
SpringApplication.run(AAAtstpApplication.class, args);
}
```

（3）也可以在 main() 方法的上方添加以下代码：

```
@Bean
public Object testBean(PlatformTransactionManager platformTransactionManager){
System.out.println(">>>>>>>>>>" + platformTransactionManager.getClass().getName());
return new Object();
}
```

（4）在调试模式下观察注入的实例，如图 5-5 所示。

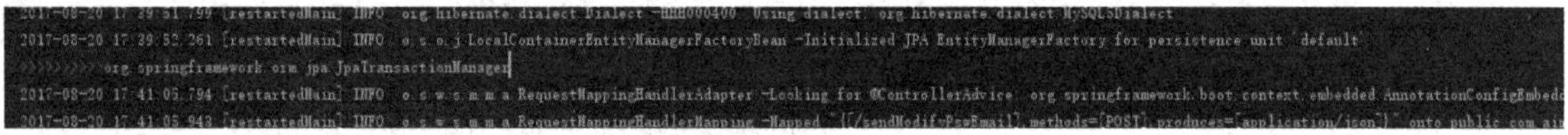

◎ 图 5-5　在调试模式下观察注入的实例

（5）由图 5-5 所示内容可以知道，spring-boot-starter-data-jpa 依赖默认会注入 JpaTransactionManager 实例。也可以手动添加 @Bean 注解，手动添加的 @Bean 注解会优先被加载，框架不会重新实例化其他 PlatformTransactionManager 实现类，但可以使用多个 @Bean 注解，用来创建多个不同的事务管理器。代码如下：

```
// 创建事务管理器 1
@Bean(name = "tMgr1")
public PlatformTransactionManager tMgr1(EntityManagerFactory factory) {
return new JpaTransactionManager(factory);
}
// 创建事务管理器 2
@Bean(name = "tMgr2")
public PlatformTransactionManager tMgr2(DataSource dataSource) {
return new DataSourceTransactionManager(dataSource);
}
```

3. Spring Boot 框架中事务的使用

Spring Boot 项目中事务实现的方式是在 Service 层中的方法上添加 @Transactional 注

解，当配置多个事务管理器时要加上 value 属性，否则会抛出异常；注解也可以添加在类上，这样整个类中的方法都会支持事务。@Transactional 注解用于回滚事务、手动回滚事务。我们在保存竞赛信息、竞赛学生信息或其他信息时遇到错误，但是在过程中我们已经进行了数据库操作，那么势必将会对数据参数造成污染，我们需要进行数据隔离，当出现异常或出错时回滚事务。示例代码如下：

```
@Transactional
public HttpResponseEntity deleteResume(List<String> resumeIds) throws LgdServiceException{...}
```

例如，上面的方法可能会对 3 个表进行操作，如果前两个表删除成功，第三个表删除失败，则事务会回滚到前两个表被删除之前的状态。

任务实施

【操作步骤】

1. 引入依赖

Spring Boot 框架整合 MyBatis 的第一步就是在项目的 pom.xml 文件中引入 mybatis-spring-boot-starter 依赖。示例代码如下：

```
<!-- 引入 mybatis-spring-boot-starter 依赖 -->
<dependency>
   <groupId>org.mybatis.spring.boot</groupId>
   <artifactId>mybatis-spring-boot-starter</artifactId>
   <version>2.2.0</version>
</dependency>
```

2. 配置 MyBatis

在 Spring Boot 框架的配置文件 application.properties/yml 中对 MyBatis 进行配置，如指定 mapper.xml 文件的位置、实体类的位置、是否开启驼峰命名法等。示例代码如下：

```
mybatis:
 # 指定 mapper.xml 文件的位置
 mapper-locations: classpath:mybatis/mapper/*.xml
 # 扫描实体类的位置，在此处指明扫描实体类的包，在 mapper.xml 文件中就可以不写实体类的全路径名
 type-aliases-package: net.biancheng.www.bean
 configuration:
  # 默认开启驼峰命名法，可以不用设置该属性
  map-underscore-to-camel-case: true
```

需要注意的是，在使用 MyBatis 时必须配置数据源信息，如数据库 URL、数据库用户、数据库密码和数据库驱动等。

3. 创建实体类

在指定的数据库中创建一个 user 表，并插入一些数据，如表 5-1 所示。

表 5-1　插入的 user 表

id	user_id	user_name	password	email
1	001	admin	admin	1234567@qq.com
2	002	user	123456	987654@qq.com
3	003	ruoyi	qwertyuiop	ruoyi@sina.com

根据数据库中的 user 表创建相应的实体类 User，代码如下：

```
package net.biancheng.www.bean;
public class User {
  private Integer id;
  private String userId;
  private String userName;
  private String password;
  private String email;
  public Integer getId() {
    return id;
  }
  public void setId(Integer id) {
    this.id = id;
  }
  public String getUserId() {
    return userId;
  }
  public void setUserId(String userId) {
    this.userId = userId == null ? null : userId.trim();
  }
  public String getUserName() {
    return userName;
  }
  public void setUserName(String userName) {
    this.userName = userName == null ? null : userName.trim();
  }
  public String getPassword() {
```

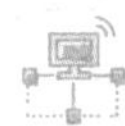

```
        return password;
    }
    public void setPassword(String password) {
        this.password = password == null ? null : password.trim();
    }
    public String getEmail() {
        return email;
    }
    public void setEmail(String email) {
        this.email = email == null ? null : email.trim();
    }
}
```

4. 创建 Mapper 接口

在 net.ruoyi.www.mapper 包中创建一个 UserMapper 接口，并在该接口上使用 @Mapper 注解。代码如下：

```
package net.ruoyi.www.mapper;
import net.ruoyi.www.bean.User;
import org.apache.ibatis.annotations.Mapper;
@Mapper
public interface UserMapper {
    // 通过用户名与密码查询用户数据
    User getByUserNameAndPassword(User user);
}
```

当 Mapper 接口较多时，可以在 Spring Boot 框架的主启动类上使用 @MapperScan 注解扫描指定包下的 Mapper 接口，而不再需要在每个 Mapper 接口上都添加 @Mapper 注解。

5. 创建 Mapper 映射文件

在前面第 2 步配置 MyBatis 时，在配置文件 application.properties/yml 中通过配置 mybatis.mapper-locations 指定了一个位置，在该位置创建 UserMapper.xml 文件，代码如下：

```
<?xml version="1.0" encoding="UTF-8"?>
<!DOCTYPE mapper PUBLIC "-//mybatis.org//DTD Mapper 3.0//EN" "http://mybatis.org/dtd/mybatis-3-mapper.
dtd">
<mapper namespace="net.ruoyi.www.mapper.UserMapper">
    <resultMap id="BaseResultMap" type="User">
        <id column="id" jdbcType="INTEGER" property="id"/>
        <result column="user_id" jdbcType="VARCHAR" property="userId"/>
        <result column="user_name" jdbcType="VARCHAR" property="userName"/>
```

```
        <result column="password" jdbcType="VARCHAR" property="password"/>
        <result column="email" jdbcType="VARCHAR" property="email"/>
    </resultMap>
    <sql id="Base_Column_List">
        id, user_id, user_name, password, email
    </sql>
    <!-- 根据用户名与密码查询用户信息 -->
    <!-- 在 application.yml 文件中通过配置 type-aliases-package 指定了实体类的位置 -->
    <select id="getByUserNameAndPassword" resultType="User">
        select *
        from user
        where user_name = #{userName,jdbcType=VARCHAR}
          and password = #{password,jdbcType=VARCHAR}
    </select>
</mapper>
```

在使用 Mapper 映射文件进行开发时，需要遵循以下规则：

（1）Mapper 映射文件中 namespace 属性的值必须与对应的 Mapper 接口的完全限定名一致。

（2）Mapper 映射文件中标签的 id 属性的值必须与 Mapper 接口中方法的名称一致。

（3）Mapper 映射文件中标签的 parameterType 属性的值必须与 Mapper 接口中方法的参数类型一致。

（4）Mapper 映射文件中标签的 resultType 属性的值必须与 Mapper 接口中方法的返回值类型一致。

【任务评价】

评价项目	评价依据	优秀（100%）	良好（80%）	及格（60%）	不及格（0%）
任务理论背景（20 分）	清楚任务要求，解决方案清晰（10 分）				
	能够正确解释 MyBatis 的 XML 方式和注解方式的相关内容（5 分）				
	能够正确叙述 Spring Boot 框架中事务管理的内容（5 分）				
任务实施准备（30 分）	能够明确将 MyBatis 整合入 Spring Boot 框架的流程（30 分）				
任务实施过程及效果（50 分）	成功将 MyBatis 整合入 Spring Boot 框架，并测试实现多表联查或自动分页等功能（50 分）				

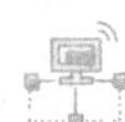

【任务拓展】

Spring Boot 框架集成 MyBatis 实现分页功能。

（1）在 pom.xml 文件中添加以下依赖：

```
<!-- 分页插件 PageHelper -->
<dependency>
    <groupId>com.github.pagehelper</groupId>
    <artifactId>pagehelper-spring-boot-starter</artifactId>
    <version>1.3.0</version>
</dependency>
```

（2）Domain 类如下：

```
package com.ruoyi.common.core.page;

import com.ruoyi.common.utils.StringUtils;

/**
 * 分页数据
 *
 * @author ruoyi
 */
public class PageDomain
{
    /** 当前记录起始索引 */
    private Integer pageNum;

    /** 每页显示记录数 */
    private Integer pageSize;

    /** 排序列 */
    private String orderByColumn;

    /** 排序的方向为 desc 或 asc */
    private String isAsc = "asc";

    public String getOrderBy()
    {
        if (StringUtils.isEmpty(orderByColumn))
```

```
    {
        return "";
    }
    return StringUtils.toUnderScoreCase(orderByColumn) + " " + isAsc;
}

public Integer getPageNum()
{
    return pageNum;
}

public void setPageNum(Integer pageNum)
{
    this.pageNum = pageNum;
}

public Integer getPageSize()
{
    return pageSize;
}

public void setPageSize(Integer pageSize)
{
    this.pageSize = pageSize;
}

public String getOrderByColumn()
{
    return orderByColumn;
}

public void setOrderByColumn(String orderByColumn)
{
    this.orderByColumn = orderByColumn;
}

public String getIsAsc()
{
```

```
        return isAsc;
    }

    public void setIsAsc(String isAsc)
    {
        this.isAsc = isAsc;
    }
}
```

（3）分页功能的实现代码如下：

```
/**
 * 查询竞赛信息列表
 */
@PreAuthorize("@ss.hasPermi('info:compete:list')")
@GetMapping("/list")
public TableDataInfo list(SysCompete sysCompete) {
    startPage();
    List<SysCompete> list = sysCompeteService.selectSysCompeteList(sysCompete);
    return getDataTable(list);
}

/**
 * 设置请求分页数据
 */
protected void startPage()
{
    PageDomain pageDomain = TableSupport.buildPageRequest();
    Integer pageNum = pageDomain.getPageNum();
    Integer pageSize = pageDomain.getPageSize();
    if (StringUtils.isNotNull(pageNum) && StringUtils.isNotNull(pageSize))
    {
        String orderBy = SqlUtil.escapeOrderBySql(pageDomain.getOrderBy());
        PageHelper.startPage(pageNum, pageSize, orderBy);
    }
}

/**
 * 响应请求分页数据
 */
```

```
  @SuppressWarnings({ "rawtypes", "unchecked" })
  protected TableDataInfo getDataTable(List<?> list)
  {
    TableDataInfo rspData = new TableDataInfo();
    rspData.setCode(HttpStatus.SUCCESS);
    rspData.setMsg(" 查询成功 ");
    rspData.setRows(list);
    rspData.setTotal(new PageInfo(list).getTotal());
    return rspData;
}
```

（4）定义 SQL 操作工具类。代码如下：

```
package com.ruoyi.common.utils.sql;

import com.ruoyi.common.exception.BaseException;
import com.ruoyi.common.utils.StringUtils;

/**
 * SQL 操作工具类
 *
 * @author ruoyi
 */
public class SqlUtil
{
  /**
   * 仅支持字母、数字、下画线、空格、逗号、小数点（支持多个字段排序）
   */
  public static String SQL_PATTERN = "[a-zA-Z0-9_\\ \\,\\.]+";

  /**
   * 检查字符，防止注入绕过
   */
  public static String escapeOrderBySql(String value)
  {
    if (StringUtils.isNotEmpty(value) && !isValidOrderBySql(value))
    {
      throw new BaseException(" 参数不符合规范，不能进行查询 ");
    }
```

```
    return value;
  }

  /**
   * 验证 ORDER BY 的语法是否符合规范
   */
  public static boolean isValidOrderBySql(String value)
  {
    return value.matches(SQL_PATTERN);
  }
}
```

总结归纳

本任务通过介绍 MyBatis 的相关知识，讲解了如何将 MyBatis 整合入 Spring Boot 框架，从而实现竞赛信息的持久化存储，并重点介绍了 MyBatis 的 XML 方式和注解方式、自动分页、多表联查、一对多和多对一查询，以及 Spring Boot 框架中的事务管理，让读者能够了解和掌握 MyBatis 的相关理论知识，并能够在实际项目中得到应用和锻炼。

任务 5.2　提升竞赛信息的存取性能

任务情境

【任务场景】

系统中需要的热门数据（如一些常规设置项、字典数据等）是每个用户都需要频繁读取的，我们可以将这些数据缓存在 Redis 中，因为 Redis 是存储在内存中的，而 MySQL 却是存储在磁盘中的，I/O 读取的速度和内存读取的速度有很大的差距，可以大大降低 MySQL 的压力，提升系统性能。

【任务布置】

本任务通过将 Redis 整合入 Spring Boot 项目并加以应用，从而提升竞赛信息的存取性能。要求了解 Redis 的数据类型，并能够使用 Redis 的基础命令。

知识准备

5.2.1 Redis 概述

1. 简介

Redis（Remote Dictionary Server，远程字典服务）是一个由 Salvatore Sanfilippo 编写的 Key-Value 存储系统，是跨平台的非关系型数据库。

Redis 是一个开源的、使用 C 语言编写、遵守 BSD 协议、支持网络、可基于内存、可基于分布式、可基于可选持久性的键-值对（Key-Value）存储数据库，并提供多种语言的 API 接口。

Redis 通常被称为数据结构服务器，因为值（Value）可以是 String（字符串）、Hash（哈希）、List（列表）、Set（集合）和 Ordered Set（有序集合）等数据类型。

2. Redis 的特点

（1）性能极高：Redis 的读速度是 110 000 次 /s, 写速度是 81 000 次 /s。

（2）数据类型丰富：Redis 支持 String（字符串）、Hash（哈希）、List（列表）、Set（集合）和 Ordered Set（有序集合）等数据类型。

（3）原子性：Redis 的所有操作都是原子性的，即操作要么成功执行，要么失败完全不执行。

（4）特性丰富：Redis 还支持发布 / 订阅（Publish/Subscribe）、通知、key 过期等特性。

5.2.2 Redis 安装

1. Windows 平台中的安装

从 Redis 官网上下载安装包。Redis 支持 32 位和 64 位，根据自己计算机的实际情况选择对应版本即可。这里下载 Redis-x64-3.2.100.zip 压缩包到 C 盘，如图 5-6 所示，在将其解压缩后，将文件夹重命名为 redis，打开该文件夹，内容如图 5-7 所示。

打开一个 cmd 窗口，使用 cd 命令切换目录到 C:\redis，然后输入以下命令：

```
redis-server.exe redis.windows.conf
```

如果想方便一些，则可以把 Redis 的路径添加到系统的环境变量中，这样就不用再输入路径了，上述命令中的“redis.windows.conf”可以省略，如果省略，则会启用默认配置。在输入上述命令并按 Enter 键之后，会显示 Redis 启动成功界面，如图 5-8 所示。

Downloads

Redis-x64-3.2.100.msi	5.8 MB
Redis-x64-3.2.100.zip	4.98 MB
Source code (zip)	
Source code (tar.gz)	

◎ 图 5-6　下载的 Redis 安装压缩包

中 ▾　共享 ▾　新建文件夹

名称	修改日期	类型	大小
dump.rdb	2017/7/20 14:34	RDB 文件	15
EventLog.dll	2016/7/1 16:27	应用程序扩展	1
Redis on Windows Release Notes.do...	2016/7/1 16:07	Microsoft Office...	13
Redis on Windows.docx	2016/7/1 16:07	Microsoft Office...	17
redis.windows.conf	2016/7/1 16:07	CONF 文件	48
redis.windows-service.conf	2016/7/1 16:07	CONF 文件	48
redis-benchmark.exe	2016/7/1 16:28	应用程序	400
redis-benchmark.pdb	2016/7/1 16:28	PDB 文件	4,268
redis-check-aof.exe	2016/7/1 16:28	应用程序	251
redis-check-aof.pdb	2016/7/1 16:28	PDB 文件	3,436
redis-cli.exe	2016/7/1 16:28	应用程序	488
redis-cli.pdb	2016/7/1 16:28	PDB 文件	4,420
redis-server.exe	2016/7/1 16:28	应用程序	1,628
redis-server.pdb	2016/7/1 16:28	PDB 文件	6,916
Windows Service Documentation.docx	2016/7/1 9:17	Microsoft Office...	14

◎ 图 5-7　Redis 安装压缩包解压缩后的内容

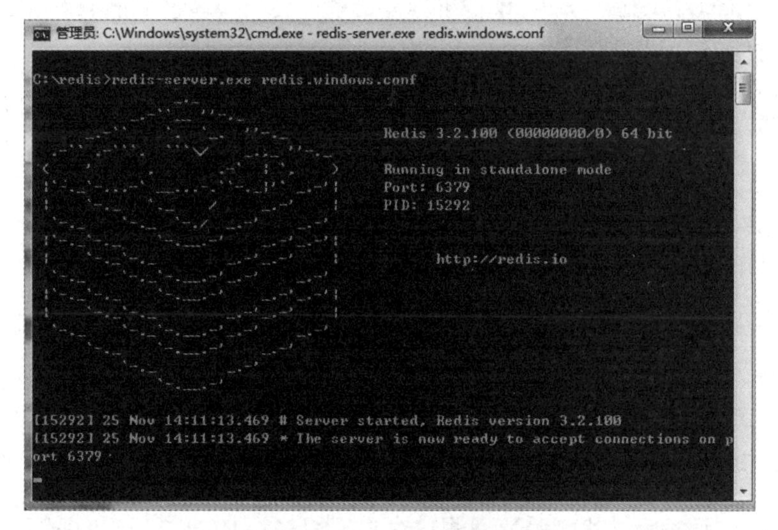

◎ 图 5-8　Redis 启动成功界面

这时，打开另一个 cmd 窗口（原来的 cmd 窗口不要关闭，不然就无法访问服务端了），切换到 redis 目录，输入以下命令并按 Enter 键，启动 Redis 客户端：

```
redis-cli.exe -h 127.0.0.1 -p 6379
```

输入以下命令并按 Enter 键，设置键-值对：

```
set myKey abc
```

输入以下命令并按 Enter 键，获取键-值对：

```
get myKey
```

操作结果如图 5-9 所示。

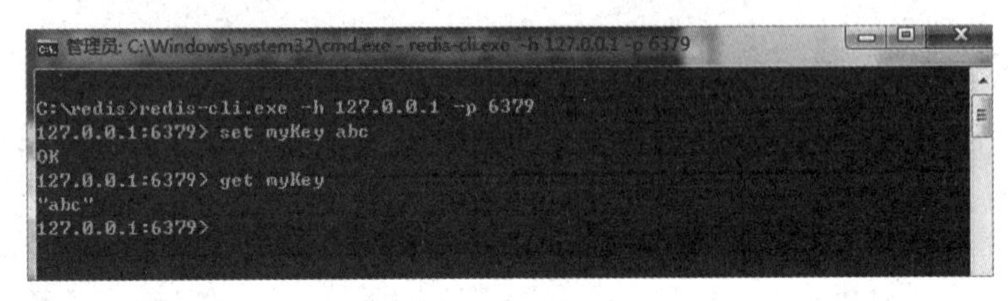

◎ 图 5-9　进行简单操作及操作结果

2. Linux 平台中的源码安装

从 Redis 官网下载最新稳定版本。下载并安装的命令如下：

```
# wget http://download.redis.io/releases/redis-6.0.8.tar.gz
# tar xzf redis-6.0.8.tar.gz
# cd redis-6.0.8
# make
```

在执行完 make 命令后，redis-6.0.8 的 src 目录下会出现编译后的 redis 服务程序 redis-server，还有测试客户端程序 redis-cli。

下面启动 redis 服务，命令如下：

```
# cd src
# ./redis-server
```

注意，采用上述方式启动 redis 服务使用的是默认配置。也可以通过设置启动参数来让 Redis 使用指定的配置文件启动。例如，可以使用以下命令启动 redis 服务：

```
# cd src
# ./redis-server ../redis.conf
```

redis.conf 是一个默认的配置文件。我们可以根据需要使用自己的配置文件。

在启动 redis 服务后，就可以使用测试客户端程序 redis-cli 和 redis 服务交互了。示例如下：

```
# cd src
# ./redis-cli
```

```
redis> set foo bar
OK
redis> get foo
"bar"
```

5.2.3　Redis 的数据类型

Redis 支持 5 种数据类型：String（字符串）、Hash（哈希）、List（列表）、Set（集合）及 Zset（Ordered Set，有序集合）。

1. String（字符串）

String 是 Redis 最基本的数据类型，可以将其理解成是与 Memcached 一模一样的数据类型，一个 Key 对应一个 Value。

String 类型是二进制安全的，即 Redis 的 String 类型可以包含任何类型的数据，如 JPG 格式的图片或序列化的对象等。示例如下：

```
redis 127.0.0.1:6379> SET ruoyi " 竞赛系统 "
OK
redis 127.0.0.1:6379> GET ruoyi
" 竞赛系统 "
```

上述示例中使用了 Redis 的 SET 和 GET 命令，其中键为“ruoyi”，对应的值为“竞赛系统”。

String 类型是 Redis 最基本的数据类型，String 类型最大能存储 512MB 的数据。

2. Hash（哈希）

Redis 的 Hash 类型是一个键-值对（Key-Value）集合。

Redis 的 Hash 类型是一个 String 类型的 Key 和 Value 的映射表，Hash 类型特别适用于存储对象。示例如下（其中，“DEL ruoyi”命令用于删除前面测试用过的 Key）：

```
redis 127.0.0.1:6379> DEL ruoyi
redis 127.0.0.1:6379> HMSET ruoyi field1 "Hello" field2 "World"
"OK"
redis 127.0.0.1:6379> HGET ruoyi field1
"Hello"
redis 127.0.0.1:6379> HGET ruoyi field2
"World"
```

上述示例中使用了 HMSET 和 HGET 命令，其中 HMSET 命令设置了两个键-值对（Key-Value），HGET 命令用于获取相应 Key 对应的 Value。

每个 Hash 可以存储 $2^{32}-1$ 个键-值对。

3. List（列表）

Redis 的 List 类型是一个每个元素都是 String 类型数据的列表，该列表中的元素按照插入顺序排序。可以添加一个元素到列表的头部（左边）或尾部（右边）。示例如下：

```
redis 127.0.0.1:6379> DEL ruoyi
redis 127.0.0.1:6379> lpush ruoyi redis
(integer) 1
redis 127.0.0.1:6379> lpush ruoyi mongodb
(integer) 2
redis 127.0.0.1:6379> lpush ruoyi rabbitmq
(integer) 3
redis 127.0.0.1:6379> lrange ruoyi 0 10
1) "rabbitmq"
2) "mongodb"
3) "redis"
redis 127.0.0.1:6379>
```

每个 List 最多可以存储 $2^{32}-1$ 个元素。

4. Set（集合）

Redis 的 Set 类型是一个每个元素都是 String 类型数据的无序集合。

集合是通过哈希表实现的，所以添加、删除、查找等操作的复杂度都是 O(1)。

Redis 的各个数据类型的特性及应用场景如表 5-2 所示。

表 5-2 Redis 的各个数据类型的特性及应用场景

数据类型	简介	特性	应用场景
String（字符串）	二进制安全	可以包含任何数据，如 JPG 格式的图片或序列化的对象；一个键最大能存储 512MB 的数据	---
Hash（字典）	键-值对集合，即编程语言中的 Map 类型	适合存储对象，并且可以像数据库中修改一个属性一样只修改某个属性的值（Memcached 中需要先取出整个字符串反序列化成对象，修改完再序列化存回去）	存储、读取、修改用户属性
List（列表）	链表（双向链表）	添加、删除数据的速度快，提供了操作某一段元素的 API 接口	（1）最新消息排行等功能（如朋友圈的时间线等） （2）消息队列

续表

数据类型	简介	特性	应用场景
Set（集合）	哈希表实现，元素不重复	（1）添加、删除、查找等操作的复杂度都是 O(1) （2）为集合提供了求交集、并集、差集等操作	（1）共同好友 （2）利用唯一性统计访问网站的所有独立 IP 地址 （3）在使用好友推荐功能时，根据标签求交集，大于某个阈值就可以推荐
Ordered Set（有序集合）	将 Set 中的元素增加一个权重参数 score，使集合中的元素能够按照 score 进行有序排列	当数据插入集合时，已经进行天然排序	（1）排行榜 （2）带权重的消息队列

5.2.4　Redis 的基础命令

1. 查询参数

（1）查看所有参数，语法格式如下：

```
CONFIG GET *
```

（2）查看具体参数信息，语法格式如下：

```
# 命令 参数
CONFIG GET maxmemory
```

（3）模糊查询参数，语法格式如下：

```
# 命令 参数部分信息 *
CONFIG GET requ*
```

2. 设置参数

（1）临时设置，语法格式如下：

```
# 命令 参数 设置值
CONFIG SET maxmemory 128M
```

（2）将设置写入配置文件，语法格式如下：

```
CONFIG REWRITE
```

3. Key 相关命令

```
KEYS * # 查看已存在的所有键的名字
KEYS a* # 查看以“a”开头的键的名字
TYPE # 返回键所存储值的类型
```

```
EXPIRE/PEXPIRE # 以秒 / 毫秒为单位设定生存时间
TTL/PTTL # 以秒 / 毫秒为单位返回生存时间
-1 # 这个键存在并且永不过期
-2 # 这个键不存在
N # 这个键存在，并且还有 N 秒过期
PERSIST # 取消生存时间设置
DEL # 删除一个键
EXISTS # 检查键是否存在。如果键存在，则返回 1，否则返回 0
RENAME # 变更键的名字
```

4. 服务相关命令

```
info # 查看当前所有信息
info memory # 查看内存信息
info cpu # 查看 CPU 信息
info replication # 查看主从服务器信息
client list # 查看当前会话连接信息
client kill ip:port # 剔除指定会话
bgsave # 手动持久化
config get * # 查询所有参数
CONFIG RESETSTAT # 重置统计
CONFIG GET/SET/rewrite # 动态修改
Dbsize # 查询当前有多少键-值对
FLUSHDB # 清空当前库
FLUSHALL # 清空所有数据
select 1 # 进入指定数据库
MONITOR # 监控实时指令
# Redis 性能测试
redis-cli -a 123456 -h 10.0.0.51 -p 6379 monitor >>/root/mon.log & redis-benchmark -n 10000 -q
-n # 指定查询次数
SHUTDOWN # 关闭服务器
```

5.2.5 在 Spring Boot 项目中整合 Redis

Redis 示例

在 Spring Boot 项目中整合 Redis 的具体步骤如下。

1. 添加依赖

在 pom.xml 文件中添加 Redis 相关依赖。代码如下：

```
<dependency>
  <groupId>org.springframework.boot</groupId>
```

```
    <artifactId>spring-boot-starter-cache</artifactId>
</dependency>

 <!-- RedisTemplate -->

<dependency>
    <groupId>org.springframework.boot</groupId>
    <artifactId>spring-boot-starter-data-redis</artifactId>
</dependency>
```

在 application.yml 文件中配置 Redis。代码如下：

```
redis:
    host: 127.0.0.1
    port: 6379
    timeout: 2000
    database: 0
    jedis:
        pool:
          max-active: 10
          max-idle: 10
          max-wait: 3
```

2．在启动类上添加注解

在启动类上添加 @EnableCaching 注解，并编写 Redis 的相关配置。代码如下：

```
@Configuration
public class RedisConfig {
    @Bean
    public RedisTemplate<Object,Object> redisTemplate(RedisConnectionFactory redisConnectionFactory){
        RedisTemplate<Object,Object> redisTemplate=new RedisTemplate<>();
        redisTemplate.setConnectionFactory(redisConnectionFactory);

        // 使用 Jackson2JsonRedisSerializer 来序列化和反序列化 Redis 的 Value 值（RedisTemplate 默认使用
JDK 的序列化方式）
        Jackson2JsonRedisSerializer serializer=new Jackson2JsonRedisSerializer(Object.class);

        ObjectMapper mapper = new ObjectMapper();
        // 指定要序列化的域为 ALL（可选 FIELD、get、set 等），指定修饰符范围为 ANY（包括 private 和
public）
        mapper.setVisibility(PropertyAccessor.ALL, JsonAutoDetect.Visibility.ANY);
        // 设置后序列化时将对象全类名一起保存下来，那么存储到 Redis 数据库中的为有类型的 JSON 数据，
```

```
反序列化为类对象。不设置时不保存类型信息，那么反序列后为 Map
    mapper.activateDefaultTyping(LaissezFaireSubTypeValidator.instance ,
        ObjectMapper.DefaultTyping.NON_FINAL);

    serializer.setObjectMapper(mapper);

    redisTemplate.setValueSerializer(serializer);
    // 使用 StringRedisSerializer 来序列化和反序列化 Redis 的 Key 值
    redisTemplate.setKeySerializer(new StringRedisSerializer());
    redisTemplate.afterPropertiesSet();
    return redisTemplate;
}
```

3. Service 层

Service 层中常用的缓存注解如下。

1）@CacheConfig 注解

可以在 Service 层中的方法上通过 @CacheConfig 注解的 cacheNames 属性来指定缓存的名字，这样 Service 层中的其他缓存注解就不必再写 value 或 cacheNames 了，这是因为 Service 层中的其他缓存注解会使用该名字作为 value 或 cacheNames 的值，当然也遵循就近原则。示例代码如下：

```
@Slf4j
@CacheConfig (cacheNames = {"emp"})
@Service
public class EmployeeServiceImpl extends ServiceImpl<EmployeeMapper, Employee> implements
IEmployeeService {
  @Autowired
  private EmployeeMapper employeeMapper;

  @Autowired
  private RedisTemplate redisTemplate;
}
```

2）@CachePut 注解

@CachePut 注解的功能是先调用目标方法修改数据库中的数据，然后更新缓存数据。

执行流程是：先调用目标方法修改数据库中的数据，然后将目标方法返回的结果缓存起来。示例代码如下：

```
@CachePut(key = "#result.id",cacheNames = {"emp"})
  @Override
  public Employee addEmpService(Employee employee) {
    employeeMapper.insert(employee);
    return employee;
  }
```

3）@Cacheable 注解

@Cacheable 注解的几个属性介绍如下。

- cacheNames/value：指定缓存组件的名称。
- key：指定缓存数据时使用的键。默认使用方法参数的值，一般不需要指定。
- keyGenerator：key 生成策略。
- cacheManager：缓存管理器。
- cacheResolver：缓存解析器。

需要注意的是，cacheManager 属性和 cacheResolver 属性是互斥属性，同时指定两个属性的值可能导致异常。

- condition：调用前判断，当符合条件时缓存，当不符合条件时不缓存。比如，condition="#id>3" 表示传入的参数 id 的值大于 3 才缓存数据。
- unless：执行后判断，当符合条件时不缓存，当不符合条件时缓存，即当 unless 的值为 true 时不缓存。可以在获取方法的返回结果后再判断是否需要缓存。
- sync：是否使用异步模式。

执行流程是：先执行 @Cacheable 注解中的 getCache(String name) 方法，根据 name 判断 ConcurrentMap 中是否有该缓存数据。如果没有该缓存数据，则创建缓存数据并保存，另外 Service 层的方法也会执行；如果有该缓存数据，则不再创建，另外 Service 层的方法也不会执行。示例代码如下：

```
@param id
   @return
@Cacheable(key = "#root.args[0]",cacheNames = {"emp"})
  @Override
  public Employee getEmpById(Integer id) {
    System.out.println("2222222222222222222222");
```

```
    log.info("33333333"+String.valueOf("3"+employeeMapper.selectById(id)));
    return employeeMapper.selectById(id);
  }

@CacheEvict(key = "#id", beforeInvocation = true)
  @Override
  public void delEmp(Integer id) {
    employeeMapper.deleteById(id);
  }
```

4）@Caching 注解

@Caching 注解是 @Cacheable 注解、@CachePut 注解、@CacheEvict 注解的组合，其可以用于指定多个缓存规则。示例代码如下：

```
@Caching(
        cacheable = {
                @Cacheable(key = "#lastName")
        },
        put = {
                @CachePut(key = "#result.id"),
                @CachePut(key = "#result.email")
        }
)
@Override
public Employee getEmpByLastName(String lastName) {
    return employeeMapper.selectOne(new QueryWrapper<Employee>().likeRight("lastName",lastName));
}
```

任务实施

参照 5.2.5 节的内容进行操作，实现在 Spring Boot 项目中整合 Redis。代码如下：

```
package com.ruoyi.common.core.redis;

/**
 * Spring Redis 工具类
 *
 * @author ruoyi
 **/
```

```
@SuppressWarnings(value = { "unchecked", "rawtypes" })
@Component
public class RedisCache
{
  @Autowired
  public RedisTemplate redisTemplate;

  /**
   * 缓存基本的对象，Integer、String、实体类等
   *
   * @param key 缓存的键值
   * @param value 缓存的值
   */
  public <T> void setCacheObject(final String key, final T value)
  {
    redisTemplate.opsForValue().set(key, value);
  }

  /**
   * 缓存基本的对象，Integer、String、实体类等
   *
   * @param key 缓存的键值
   * @param value 缓存的值
   * @param timeout 时间
   * @param timeUnit 时间颗粒度
   */
 public <T> void setCacheObject(final String key, final T value, final Integer timeout, final TimeUnit timeUnit)
  {
redisTemplate.opsForValue().set(key, value, timeout, timeUnit);
  }

  /**
   * 设置有效时间
   *
   * @param key Redis 键
   * @param timeout 超时时间
   * @return true= 设置成功；false= 设置失败
   */
  public boolean expire(final String key, final long timeout)
  {
```

```
    return expire(key, timeout, TimeUnit.SECONDS);
}

/**
 * 设置有效时间
 *
 * @param key Redis 键
 * @param timeout 超时时间
 * @param unit 时间单位
 * @return true= 设置成功；false= 设置失败
 */
public boolean expire(final String key, final long timeout, final TimeUnit unit)
{
    return redisTemplate.expire(key, timeout, unit);
}

/**
 * 获得缓存的基本对象
 *
 * @param key 缓存键值
 * @return 缓存键值对应的数据
 */
public <T> T getCacheObject(final String key)
{
    ValueOperations<String, T> operation = redisTemplate.opsForValue();
    return operation.get(key);
}
/**
 * 删除单个对象
 *
 * @param key
 */
public boolean deleteObject(final String key)
{
    return redisTemplate.delete(key);
}
/**
 * 删除集合对象
 *
```

```
 * @param collection 多个对象
 * @return
 */
public long deleteObject(final Collection collection)
{
    return redisTemplate.delete(collection);
}
/**
 * 缓存 List 数据
 *
 * @param key 缓存的键值
 * @param dataList 待缓存的 List 数据
 * @return 缓存的对象
 */
public <T> long setCacheList(final String key, final List<T> dataList)
{
    Long count = redisTemplate.opsForList().rightPushAll(key, dataList);
    return count == null ? 0 : count;
}

/**
 * 获得缓存的 List 对象
 *
 * @param key 缓存的键值
 * @return 缓存键值对应的数据
 */
public <T> List<T> getCacheList(final String key)
{
    return redisTemplate.opsForList().range(key, 0, -1);
}

/**
 * 缓存 Set
 *
 * @param key 缓存键值
 * @param dataSet 缓存的数据
 * @return 缓存数据的对象
 */
public <T> long setCacheSet(final String key, final Set<T> dataSet)
```

```
{
    Long count = redisTemplate.opsForSet().add(key, dataSet);
    return count == null ? 0 : count;
}
/**
 * 获得缓存的 Set
 *
 * @param key
 * @return
 */
public <T> Set<T> getCacheSet(final String key)
{
    return redisTemplate.opsForSet().members(key);
}
/**
 * 缓存 Map
 *
 * @param key
 * @param dataMap
 */
public <T> void setCacheMap(final String key, final Map<String, T> dataMap)
{
    if (dataMap != null) {
        redisTemplate.opsForHash().putAll(key, dataMap);
    }
}
/**
 * 获得缓存的 Map
 *
 * @param key
 * @return
 */
public <T> Map<String, T> getCacheMap(final String key)
{
    return redisTemplate.opsForHash().entries(key);
}
/**
 * 向 Hash 中存入数据
 * @param key Redis 键
```

```
  * @param hKey Hash 键
  * @param value 值
  */
public <T> void setCacheMapValue(final String key, final String hKey, final T value)
 {
    redisTemplate.opsForHash().put(key, hKey, value);
 }
 /**
  * 获取 Hash 中的数据
  * @param key Redis 键
  * @param hKey Hash 键
  * @return Hash 中的对象
  */
 public <T> T getCacheMapValue(final String key, final String hKey)
 {
    HashOperations<String, String, T> opsForHash = redisTemplate.opsForHash();
    return opsForHash.get(key, hKey);
 }
 /**
  * 获取多个 Hash 中的数据
  * @param key Redis 键
  * @param hKeys Hash 键集合
  * @return Hash 对象集合
  */
 public <T> List<T> getMultiCacheMapValue(final String key, final Collection<Object> hKeys)
 {
    return redisTemplate.opsForHash().multiGet(key, hKeys);
 }
 /**
  * 获得缓存的基本对象列表
  *
  * @param pattern 字符串前缀
  * @return 对象列表
  */
 public Collection<String> keys(final String pattern)
 {
    return redisTemplate.keys(pattern);
 }
}
```

【任务评价】

评价项目	评价依据	优秀（100%）	良好（80%）	及格（60%）	不及格（0%）
任务理论背景（20分）	清楚任务要求，解决方案清晰（10分）				
	能够正确了解 Redis 的功能和特点（5分）				
	能够正确叙述 Redis 的数据类型（5分）				
任务实施准备（30分）	能够初步掌握 Redis 的基础命令（30分）				
任务实施过程及效果（50分）	成功将 Redis 整合入 Spring Boot 框架，并测试实现基础命令（50分）				

总结归纳

本任务通过介绍如何将 Redis 整合入 Spring Boot 框架，给读者提供了提升竞赛信息存取性能的解决方法，并着重介绍了 Redis 的数据类型和基础命令，帮助读者理解其原理并掌握操作要点，从而在项目中更好地应用 Redis 进行数据操作。

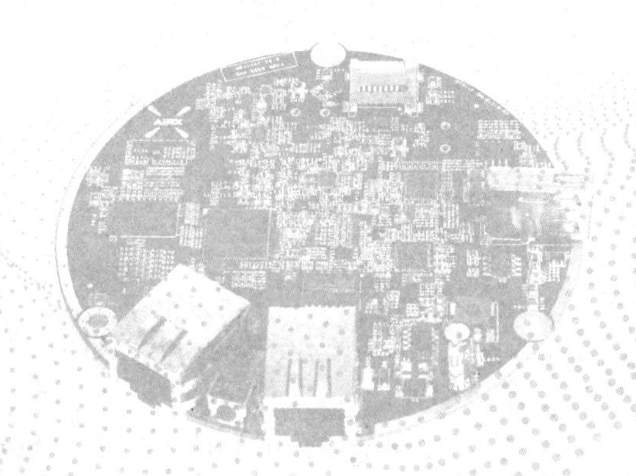

单元 6

Spring Boot 安全控制

学习目标

- 掌握在 Spring Boot 项目中使用 Spring Security 框架的基本方法。
- 能够运用 Token 实现权限认证。
- 能够运用 SSO 实现单点登录认证。
- 能够运用 JWT 集成实现对信息的加密。

任务 6.1 实现管理员与教职工角色认证

任务情境

【任务场景】

项目中涉及多个角色，不同的角色具有不同的权限，因此在使用项目中的某些功能时，需要对角色的权限进行认证。

【任务布置】

为了提升项目中使用的安全认证服务，需要引入安全认证服务框架 Spring Security。首先，基于 Spring Security 框架来实现校级管理员、院系管理员与教职工角色的认证。

知识准备

6.1.1 Spring Security 简介

Spring Security 是一个基于 Spring 框架的安全管理框架，其主要功能是为项目提供身份验证、访问控制等功能的安全保障，并且充分利用了 Spring 框架的依赖注入和 AOP（面向切面编程）功能。

Spring Security 框架安全管理的实现主要基于两个重要的功能：Authentication（用户认证）和 Authorization（用户授权）。

Authentication 功能用于验证当前访问的用户是否已经在系统中注册，是否是一个合法的用户。系统中有些功能通常不是对所有访问开放的，当访问者进行某个只能合法用户才能执行的操作时，系统就会要求其进行登录，并通过校验用户名和密码的方式来判断该用户能否登录。通俗地说，就是系统验证用户的登录状态，并对用户登录进行安全管控。

Authorization 功能用于验证用户的某个操作是否已被授权，用户是否具有足够的权限。通常在系统中，不同的用户是具有不同的权限的。例如，管理员可以去访问其他所有用户的部分数据，而普通用户则只能访问与自己有关的数据。系统会为不同的用户分配不同的角色（如校级管理员、院系管理员、教职工、学生等），每个角色会具有一系列权限。简单地说，就是系统会验证用户的角色，根据角色去判断用户具有的权限，并对用户的权限进行管控，根据用户权限限制用户的访问行为。

Spring Security 框架提供了多种自定义认证服务，包括 JDBC Authentication（JDBC 身份认证）、LDAP Authentication（LDAP 身份验证）、Authentication Provider（身份认证提供商)、UserDetailsService（身份详情服务）等。

6.1.2 HttpSecurity 简介

在项目开发中，对网站的访问主要基于 HTTP 请求。通过对 WebSecurityConfigurerAdapter 中的另一个方法 configure(HttpSecurity http) 进行重写，就可以对基于 HTTP 协议的访问进行控制。

首先，我们需要了解方法中的参数类 HttpSecurity。HttpSecurity 类是 Spring Security 框架中重要的类，该类继承了抽象类 AbstractConfiguredSecurityBuilder，同时实现了 SecurityBuilder 接口和 HttpSecurityBuilder 接口。HttpSecurity 类的主要方法如表 6-1 所示。

表 6-1　HttpSecurity 类的主要方法

方法	描述
authorizeRequests()	开启基于 HttpServletRequest 请求访问的限制
formLogin()	开启基于表单的用户登录
httpBasic()	开启基于 HTTP 请求的 Basic 认证登录
Logout()	开启退出登录的支持
sessionManagerment()	开启 Session 管理配置
rememberMe()	开启“记住我”功能
Csrf()	配置 CSRF（跨站请求伪造）攻击的防护功能

其次，我们需要了解用户访问控制涉及的主要方法，如表 6-2 所示。

表 6-2　用户访问控制涉及的主要方法

方法	描述
antMatchers(java.lang.String antPatterns)	开启 Ant 风格的路径匹配
mvcMatchers(java.lang.String patterns)	开启 MVC 风格的路径匹配
and()	功能连接符
anyRequest()	匹配任何请求
rememberMe()	开启登录状态保持功能
access(String attribute)	使用基于 ACEL 表达式的角色权限匹配
hasAnyRole(String roles)	匹配用户是否具有参数中的任意角色
hasRole(String role)	匹配用户是否具有某个角色
hasAnyAuthority(String authorities)	匹配用户是否具有参数中的任意权限
hasAuthority(String authority)	匹配用户是否具有某个权限
authenticated()	匹配已经登录认证的用户
fullyAuthenticated()	匹配完整登录认证的用户（非 rememberMe 用户）
hasIpAddress(String ipaddressExpression)	匹配某个 IP 地址的访问请求
permitAll()	无条件对请求进行放行

任务实施

【工作流程】

在 Spring Boot 项目中使用 Spring Security 框架的主要流程如图 6-1 所示。

在 Spring Boot 项目中使用 Spring Security 框架

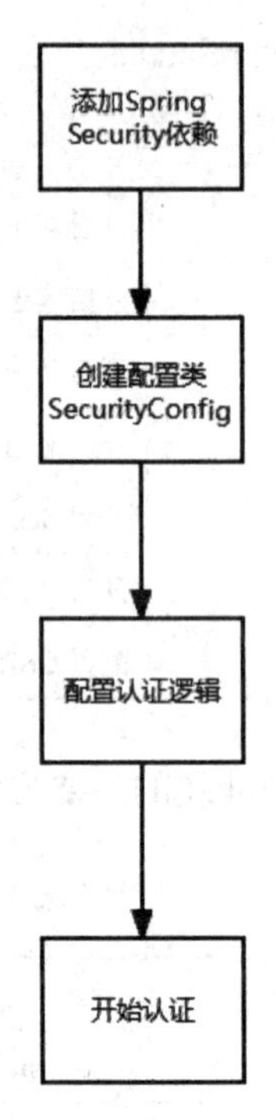

◎ 图 6-1 在 Spring Boot 项目中使用 Spring Security 框架的主要流程

在 Spring Security 框架中进行权限认证的主要流程如图 6-2 所示。

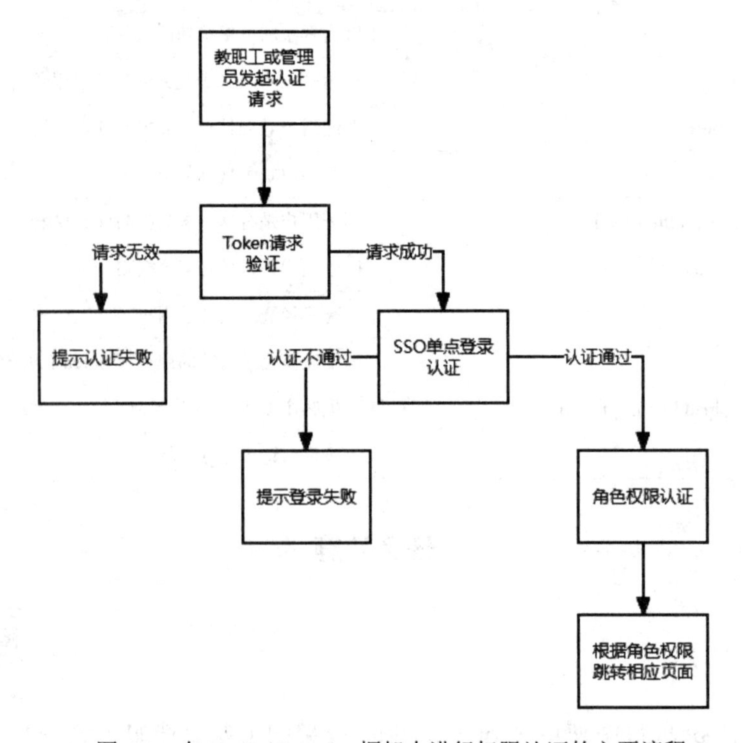

◎ 图 6-2 在 Spring Security 框架中进行权限认证的主要流程

Spring Security 框架的基本用法如下。

1. 添加 Spring Security 依赖

在使用 Spring Security 框架之前，要在项目中添加相关依赖。这里需要先打开项目中的 pom.xml 文件，然后将 spring-boot-starter-security 依赖添加到该文件中。代码如下：

```
<!--Spring Security 安全认证 -->
<dependency>
  <groupId>org.springframework.boot</groupId>
  <artifactId>spring-boot-starter-security</artifactId>
</dependency>
```

2. 创建配置类 SecurityConfig

在项目中添加 Spring Security 依赖之后，Spring Security 框架的功能就会开始生效，并且会生成一个具有随机密码的测试账户，但是要使用 Spring Security 框架的所有功能还需要对 Spring Security 框架进行一些配置。首先要创建继承 WebSecurityConfigurerAdapter 配置类的 SecurityConfig 配置类，并在 SecurityConfig 配置类中创建 configure() 方法，对项目中的认证逻辑进行设置。代码如下：

```
@Configuration
@EnableWebSecurity
public class SecurityConfig extends WebSecurityConfigurerAdapter {
  // 配置用户认证信息
  @Override
  protected void configure(AuthenticationManagerBuilder auth) throws Exception {
    auth
      .inMemoryAuthentication()
        .withUser("user")
        .password(passwordEncoder().encode("password"))
        .roles("USER");
  }
  // 配置 HTTP 安全性
  @Override
  protected void configure(HttpSecurity http) throws Exception {

  }
}
```

3. 配置认证逻辑

在创建配置类 SecurityConfig 后，需要配置认证逻辑，代码如下：

```
@Override
protected void configure(HttpSecurity httpSecurity) throws Exception
{
 httpSecurity
    // CSRF 禁用，因为不使用 Session
    .csrf().disable()
    // 认证失败处理类
    .exceptionHandling().authenticationEntryPoint(unauthorizedHandler).and()
    // 基于 Token，所以不需要 Session
    .sessionManagement().sessionCreationPolicy(SessionCreationPolicy.STATELESS).and()
    // 过滤请求
    .authorizeRequests()
    // 对于登录 login、验证码 captchaImage，允许匿名访问
    .antMatchers("/login", "/ssologin", "/captchaImage").anonymous()
    .antMatchers(
       HttpMethod.GET,
       "/*.html",
       "/**/*.html",
       "/**/*.css",
       "/**/*.js"
       ).permitAll()
       .antMatchers("/profile/**").anonymous()
       .antMatchers("/common/download**").anonymous()
       .antMatchers("/common/download/resource**").anonymous()
       .antMatchers("/swagger-ui.html").anonymous()
       .antMatchers("/swagger-resources/**").anonymous()
       .antMatchers("/webjars/**").anonymous()
       .antMatchers("/*/api-docs").anonymous()
       .antMatchers("/druid/**").anonymous()
       // 除上面的请求以外的所有请求全部需要鉴权认证
       .anyRequest().authenticated()
       .and()
       .headers().frameOptions().disable();
 httpSecurity.logout().logoutUrl("/logout").logoutSuccessHandler(logoutSuccessHandler);
 // 添加 JWT filter
 httpSecurity.addFilterBefore(authenticationTokenFilter, UsernamePasswordAuthenticationFilter.class);
 // 添加 CORS filter
 httpSecurity.addFilterBefore(corsFilter, JwtAuthenticationTokenFilter.class);
 httpSecurity.addFilterBefore(corsFilter, LogoutFilter.class);
}
```

在上述代码中，通过 antMatchers() 方法设置了访问系统中的哪些页面不需要对用户身份进行认证，如代码中的 /profile/** 页面；permitAll() 方法表示 antMatchers() 方法中的文件都不需要对用户身份进行认证即可访问，即后缀名为 .html、.css、.js 的文件都不需要对用户身份进行认证即可访问；anyRequest().authenticated() 方法表示其他请求需要在用户登录认证后才能访问。

在配置认证逻辑之后，就可以通过调用 SecurityConfig 类来完成登录认证了。

【操作步骤】

1. 基于 Token 的认证

Token 也就是令牌，它是由服务端生成，发送给客户端的一个请求操作的通行证。当用户在客户端完成第一次登录之后，服务器就会生成一个 Token，然后将这个 Token 返回给客户端，作为该客户端后续从服务器请求数据的通行证。也就是说，当客户端获得 Token 之后，在该 Token 的有效时间内，客户端只需要带上这个 Token 就可以访问服务器，而不需要再次验证用户的用户名和密码了。

使用 Token 进行认证的流程是：先从 Request 请求中获取 Token 信息，再从 Token 信息中解析 Token 的有效期，并判断 Token 是否还在有效期内，如果 Token 还在有效期内，则从 Token 信息中解析出用户的相关信息，并同意用户访问相关数据；如果 Token 已经过期，则会要求用户重新登录，更新 Token 信息。在使用结束后，需要从 Redis 中删除该用户的 Token。具体的步骤如下所述。

（1）从 Request 请求中获取 Token 信息。首先创建 getToken() 方法，从 Request 请求中获取请求信息，将获取到的信息使用 replace() 方法拆分后存储到变量 token 中并返回。代码如下：

```
/**
 * 获取请求 Token
 *
 * @param request
 * @return token
 */
private String getToken(HttpServletRequest request)
{
    String token = request.getHeader(header);
    if (StringUtils.isNotEmpty(token) && token.startsWith(Constants.TOKEN_PREFIX))
    {
        token = token.replace(Constants.TOKEN_PREFIX, "");
```

```
    }
    return token;
}
```

（2）从 Token 信息中获取用户的相关信息。创建 getLoginUser() 方法，从刚才创建的 getToken() 方法中获取 Token 信息，并从 Token 信息中解析出用户的 uuid，用 uuid 解析出 userKey，用 userKey 解析出用户信息。代码如下：

```
/**
 * 获取用户身份信息
 *
 * @return 用户信息 // 通过 Token 信息获取用户登录信息
 */
public LoginUser getLoginUser(HttpServletRequest request)
{
    // 获取 Request 请求携带的 Token 信息
    String token = getToken(request);
    if (StringUtils.isNotEmpty(token))
    {
        Claims claims = parseToken(token);
        // 解析对应的权限及用户信息
        String uuid = (String) claims.get(Constants.LOGIN_USER_KEY);
        String userKey = getTokenKey(uuid);
        LoginUser user = redisCache.getCacheObject(userKey);
        return user;
    }
    return null;
}
```

（3）验证 Token 的有效性。获取到的 Token 需要验证其有效性，首先计算并设置 Token 的有效时间，从 loginUser 对象中获取 Token 的到期时间 expireTime，然后获取当前的系统时间，如果到期时间减去当前的系统时间所剩下的时间小于 Token 的有效时间，则调用刷新 Token 信息的方法。代码如下：

```
private static final Long MILLIS_MINUTE_TEN = 20 * 60 * 1000L;
/**
 * 验证 Token 的有效时间，相差不足 20 分钟，自动刷新缓存
 *
 * @param loginUser
 * @return Token
 */
public void verifyToken(LoginUser loginUser)
```

```
{
    long expireTime = loginUser.getExpireTime();
    long currentTime = System.currentTimeMillis();
    if (expireTime - currentTime <= MILLIS_MINUTE_TEN)
    {
        refreshToken(loginUser);
    }
}
```

（4）在验证完 Token 的有效性之后，需要在 Redis 中更新过期的 Token 信息。首先将当前的系统时间更新到 loginUser 对象中，然后通过将当前的系统时间加上 Token 的有效时间，计算出该对象的 Token 下一次失效的时间。代码如下：

```
/**
 * 刷新 Token 的有效时间
 *
 * @param loginUser 登录信息
 */
public void refreshToken(LoginUser loginUser)
{
    loginUser.setLoginTime(System.currentTimeMillis());
    // expireTime * MILLIS_MINUTE 表示将设置的分钟数转换为毫秒数
    loginUser.setExpireTime(loginUser.getLoginTime() + expireTime * MILLIS_MINUTE);
    // 根据 uuid 将 loginUser 缓存
    String userKey = getTokenKey(loginUser.getToken());
    redisCache.setCacheObject(userKey, loginUser, expireTime, TimeUnit.MINUTES);
}
```

（5）在使用结束后，需要从 Redis 中删除当前用户的 Token 信息。从 Token 信息中获取用户的 userKey 信息，并调用删除方法将其删除。代码如下：

```
/**
 * 删除用户身份信息
 */
public void delLoginUser(String token)
{
    if (StringUtils.isNotEmpty(token))
    {
        String userKey = getTokenKey(token);
        redisCache.deleteObject(userKey);
    }
}
```

2. 基于 SSO 的认证

SSO（Single Sign On，单点登录）的功能是：用户在完成一次登录认证之后，可以同时获取该服务器中关联的系统和软件的访问权限。基于 SSO 的认证的流程如下：

（1）通过 @RequestParam 注解在用户 Get 请求中获取 ticket 令牌。

（2）通过 TokenUtils.roam_check(ticket) 方法从令牌上获取用户的用户名。

（3）判断用户的用户名是否为 error，如果用户名为 error，则提示用户重新登录。

（4）判断用户的用户名是否存在，如果用户名存在，则根据用户名查找用户对象。

（5）判断查找的用户对象是否存在，如果用户对象为空，则创建一个新的用户对象。

（6）根据查询到的用户对象的用户名生成 Token，并创建变量 cookie，然后将 Token 验证放到变量 cookie 中。

实现代码如下：

```
@GetMapping("/ssologin")
   public void sso_login(@RequestParam("ticket") String ticket, HttpServletResponse response) throws
IOException {// 在用户 Get 请求中获取 ticket 令牌
    String username = TokenUtils.roam_check(ticket);// 从令牌上获取用户名
    if (username.equals("error")) {// 如果用户名为 error，则提示用户重新登录
       throw new CustomException("ticket 有误，请返回数字校园重新登录！ ");
    }
    // 判断用户的用户名是否存在
    // 如果用户名存在，则根据用户名查找用户对象
    SysUser user = sysUserService.selectUserByUserName(username);
    if (user == null) {// 如果用户对象为空，则创建一个新的用户对象
       user = new SysUser();
       user.setStatus(UserStatus.NOINIT.getCode());
       user.setUserName(username);
       user.setCreateBy("SSOLogin");
       Long[] role = new Long[1];
       role[0] = 101L;

       user.setRoleIds(role);
       sysUserService.insertUser(user);
    }
    // 根据用户名生成 Token，并创建变量 cookie，然后将 Token 验证放到变量 cookie 中
    String token = loginService.UnifiedIdentityLogonLogin(username);
```

```
    // 创建变量 cookie
    Cookie cookie = new Cookie("Admin-Token", token);
    cookie.setPath("/");
    response.addCookie(cookie);
    response.sendRedirect("/info/compete");
  }
```

3. 认证失败处理

在认证失败后，打印出访问失败提示信息“请求访问：{‘用户想要访问的页面地址’}，认证失败，无法访问系统资源”。代码如下：

```
/**
 * 认证失败处理类 返回未授权
 *
 * @author ruoyi
 */
@Component
public class AuthenticationEntryPointImpl implements AuthenticationEntryPoint, Serializable
{
  private static final long serialVersionUID = -8970718410437077606L;

  @Override
  public void commence(HttpServletRequest request, HttpServletResponse response, AuthenticationException e)
      throws IOException
  {
    int code = HttpStatus.UNAUTHORIZED;
    String msg = StringUtils.format(" 请求访问：{}，认证失败，无法访问系统资源 ", request.getRequestURI());
    ServletUtils.renderString(response, JSON.toJSONString(AjaxResult.error(code, msg)));
  }
}
```

4. 注销登录配置

在注销登录时，需要通过 getLoginUser() 方法获取已经登录的用户的认证信息，并调用 tokenService.delLoginUser() 方法将当前用户的 Token 信息传递过去，同时通过 redisCache.deleteObject(userKey) 方法将当前用户的 Token 信息从 Redis 中删除。代码如下：

```
/**
 * 自定义退出处理类 返回成功
 *
```

```
 * @author ruoyi
 */
@Configuration
public class LogoutSuccessHandlerImpl implements LogoutSuccessHandler
{
  @Autowired
  private TokenService tokenService;

  /**
   * 退出处理
   *
   * @return
   */
  @Override
   public void onLogoutSuccess(HttpServletRequest request, HttpServletResponse response, Authentication
authentication)
       throws IOException, ServletException
   {
     LoginUser loginUser = tokenService.getLoginUser(request);
     if (StringUtils.isNotNull(loginUser))
     {
       String userName = loginUser.getUsername();
       // 删除用户缓存记录
       tokenService.delLoginUser(loginUser.getToken());
       // 记录用户退出日志
         AsyncManager.me().execute(AsyncFactory.recordLogininfor(userName, Constants.LOGOUT, " 退出成
功 "));
     }
      ServletUtils.renderString(response, JSON.toJSONString(AjaxResult.error(HttpStatus.SUCCESS, " 退出成
功 ")));
   }
}
public void delLoginUser(String token)
   {
     if (StringUtils.isNotEmpty(token))
     {
       String userKey = getTokenKey(token);
       redisCache.deleteObject(userKey);
     }
   }
```

5. JWT 集成

JWT（JSON Web Token，JSON 网络令牌）用于解决跨域的身份认证问题，其主要包含 JWT 头、有效载荷和签名这 3 部分。JWT 头是由一个 JWT 元数据的 JSON 对象组成的。有效载荷同样是一个 JSON 对象，其包含了 JWT 需要传递的具体数据。签名部分是对 JWT 头和有效载荷的数据签名，它的功能是通过指定的算法生成哈希签名，并会在服务器接收时去验证它，以确保传输的数据不会被盗取和修改。

使用 JWT 集成，客户端在接收到服务器返回的 JWT 后，会将其存储在 Cookie 或 localStorage 中。之后，客户端在与服务器的交互中都会带 JWT。具体的步骤如下所述。

（1）要使用 JWT 集成，首先要配置 JWT 依赖，将以下代码添加到 pom.xml 文件中：

```
<!--Token 生成与解析 -->
<dependency>
  <groupId>io.jsonwebtoken</groupId>
  <artifactId>jjwt</artifactId>
  <version>${jwt.version}</version>
</dependency>
```

（2）从数据中创建 Token 声明，通过 Jwts 对数据进行声明设置并使用哈希 HS512 的方式对数据进行加密，生成 Token 并返回。代码如下：

```
/**
  * 从数据中创建 Token 声明
  *
  * @param claims 数据声明
  * @return 令牌
  */
  private String createToken(Map<String, Object> claims)
  {
    String token = Jwts.builder()
          .setClaims(claims)
          .signWith(SignatureAlgorithm.HS512, secret).compact();
    return token;
  }
```

（3）将用户信息封装成 Token 数据，并创建用户登录 Token。代码如下：

```
/**
  * 创建令牌
  *
  * @param loginUser 用户信息
```

```
 * @return 令牌 // 将用户信息封装成 Token 数据，并创建用户登录 Token
 */
public String createToken(LoginUser loginUser)
{
    String token = IdUtils.fastUUID();
    loginUser.setToken(token);
    setUserAgent(loginUser);
    refreshToken(loginUser);

    Map<String, Object> claims = new HashMap<>();
    claims.put(Constants.LOGIN_USER_KEY, token);
    return createToken(claims);
}
```

【任务评价】

评价项目	评价依据	优秀（100%）	良好（80%）	及格（60%）	不及格（0%）
任务理论背景（20分）	清楚任务要求，解决方案清晰（10分）				
	能够了解 Spring Security 框架的两个重要的功能：Authentication 和 Authorization（5分）				
	能够了解 HttpSecurity 类的相关内容（5分）				
任务实施准备（30分）	能够正确绘制在 Spring Boot 项目中使用 Spring Security 框架的流程图和在 Spring Security 框架中进行权限认证的流程图（30分）				
任务实施过程及效果（50分）	实现校级管理员、院系管理员与教职工角色的认证（50分）				

总结归纳

本单元主要介绍了Spring Boot项目开发中常用的安全框架Spring Security的基本用法，以及 HttpSecurity 类的相关内容。在介绍了 Spring Security 框架的背景知识后，我们利用代码案例介绍了 Spring Security 框架中基于 Token 的认证、基于 SSO 的认证、认证失败处理、注销登录配置和 JWT 集成等内容。

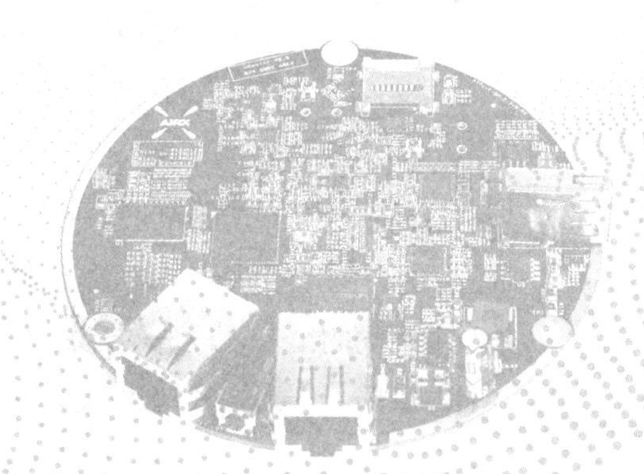

单元 7

竞赛登记管理系统关键模块实现

学习目标

- 掌握在 Spring Boot 项目中整合 Vue.js 框架和 Element UI 组件库的方法。
- 能够基于 RBAC 权限管理思路完成"用户 – 角色 – 权限"管理模块的设计实现。
- 掌握 Vue 路由动态加载实现方式，并能应用于控制用户的页面访问权限开发中。

任务 7.1 美化系统登录模块

任务情境

【任务场景】

在本书的单元 3 中，我们已经通过整合 Thymeleaf 模板引擎的方式初步实现了登录跳转功能。但是，该登录页面的样式不美观，需要对登录页面进行美化。

【任务布置】

为了提高用户对软件的使用体验，我们需要引入功能完善的前端框架。具体而言，我们需要将基于 Thymeleaf 模板引擎完成的登录页面换成基于 Spring Boot 项目整合 Vue.js 框架编写的页面。

知识准备

竞赛登记管理系统基于前端与后端分离的方式进行开发，后端采用 Spring Boot 框架构建，前端采用 Vue.js 框架和 Element UI 组件库构建单页面应用（Single Page

Application，SPA）。所谓单页面应用，指的是整个应用程序有且仅有一个完整的HTML页面，而其余所谓的“页面”都只是组件片段，当切换页面时，实质上只是在切换一个HTML页面中不同的组件片段。本项目采用前端与后端分离方式构建的单页面应用与采用传统的前端与后端不分离方式构建的多页面应用的区别如表7-1所示。

表7-1　单页面应用与多页面应用的区别

	单页面应用	多页面应用
请求次数	首次加载时，同时下载仅有的唯一完整HTML页面和其余所有页面组件，在后续切换页面的过程中，不再反复向服务器发送请求，请求次数较少	每切换一次页面，都需要向服务器重新发送请求；重复切换页面就会重复发送请求，请求次数较多
公共资源	在切换页面的过程中，由于客户端浏览器已有的唯一的完整HTML结构不会变化，所以不会重复向服务器请求下载CSS和JS资源文件，节省带宽，加载效率高	每次加载新页面，都要重新请求页面所需要的类似bootstrap.css、jquery.js、bootstrap.js等多个页面本该共用的资源，请求次数多，加载慢
加载效率	每次在切换页面时，因为只是更换部分组件片段，而非更换整个页面，所以，本质上DOM树也只更换部分节点，不用重构整个DOM树，加载效率高	每次在切换页面时，随着整个页面的更换，伴随着删除旧的整个DOM树，因此需要重建整棵DOM树，加载效率较低

要想掌握竞赛登记管理系统的前端与后端分离构建方式，需要先掌握Vue.js框架和Element UI组件库的相关知识，如果对这两者的内容不熟悉，则建议先通过Vue.js官网和Element UI官网进行系统学习，本节仅简单介绍Vue.js框架和Element UI组件库的基本概念。

7.1.1　Vue.js简介

Vue.js是一款用于构建用户界面的JavaScript框架。它基于标准HTML、CSS和JavaScript构建，并提供了一套声明式的、组件化的编程模型，可以帮助开发人员高效地开发用户界面。

Vue.js是一个独立的社区驱动的项目，它是由尤雨溪在2014年作为其个人项目创建的，是一个成熟的、经历了无数实战考验的框架。它是目前生产环境中使用最广泛的JavaScript框架之一，可以轻松处理大多数Web应用的场景，并且几乎不需要手动优化，Vue.js框架完全有能力处理大规模的应用。

具体而言，Vue.js框架的优点主要体现在以下几个方面。

（1）体积小：Vue.js框架的文件压缩后只有几十千字节（KB）。

（2）运行效率高：Vue.js 框架基于虚拟 DOM，是一种可以提前通过 JavaScript 进行各种计算，把最终的 DOM 操作优化并构建出来的技术。由于这个 DOM 操作属于预处理操作，并没有真实地操作 DOM，因此叫作虚拟 DOM。因此，Vue.js 框架的运行效率比较高。

（3）双向数据绑定：让开发人员无须直接操作 DOM 对象，项目开发速度快，开发人员能够把更多的精力投入具体业务逻辑实现上。

（4）生态丰富：市场上拥有大量成熟、稳定的基于 Vue.js 框架进行二次封装的 UI 框架及常用组件，这进一步节省了开发人员的开发时间。

7.1.2　Element UI 简介

Element UI 是由饿了么团队开发的 UI 组件库，并与 Vue.js 框架完美契合，是一套为开发人员、设计师和产品经理准备的基于 Vue.js 框架的桌面端组件库。基于 Element UI 组件库，开发人员能够快速开发出样式优美的展示界面。

思政一刻

Element UI 的开发团队在设计该组件库时，充分研判了当前前端开发技术的发展趋势，巧妙地选择了站在 Vue.js 框架这位“巨人”的肩膀上，开发更便于前端工程师使用的组件库。我们在工作或学习中，也要学会灵活借助有利条件，这样做起事来才会事半功倍。

7.1.3　Spring Boot 整合前端

竞赛登记管理系统后端采用 Spring Boot 框架构建，前端主要用到的技术有 Vue.js 框架、Axios 库、Element UI 组件库。在开发竞赛登记管理系统实际应用的页面前，需要先了解 Spring Boot 项目如何整合 Vue.js 框架与 Element UI 组件库。注意，在以下环节中，如果在计算机上已经完成过此操作，则可以跳过此环节，但需要确保已安装的各种依赖的版本与竞赛登记管理系统项目所需的各种依赖的版本兼容。

1．安装 Node.js 环境

Node.js 是一个能够在服务器端运行 JavaScript 代码的运行环境。Node.js 使用 JavaScript 语言编写，并且运行在服务器上，也就是说，Node.js 实现了使用 JavaScript 语言开发后端。

正确安装 Node.js 是运行 Vue.js 框架和 Element UI 组件库的必要条件。

1）下载安装包

竞赛登记管理系统项目需要依赖的 Node.js 的版本号是 12 及以上。登录 Node.js 官网即可下载安装包。

2）运行安装包

安装包下载完成后，双击安装包即可开始安装。在选择安装目录后，单击“Next”按钮直至结束即可完成安装。

3）查看 Node.js 和 NPM 是否安装成功

打开“命令提示符”窗口，在该窗口中输入“node -v”命令可以查看 Node.js 的版本，输入“npm -v”命令可以查看 NPM 的版本，如图 7-1 所示。

命令提示符
Microsoft Windows [版本 10.0.19041.1415]
(c) Microsoft Corporation。保留所有权利。
C:\Users\LQK>node -v
v14.17.2
C:\Users\LQK>npm -v
6.14.13
C:\Users\LQK>

◎ 图 7-1　查看 Node.js 和 NPM 是否安装成功

4）将默认镜像源设置为访问更顺畅的新镜像源

设置新镜像源的目的是便于后续更快速地拉取项目依赖，在“命令提示符”窗口中输入“npm config set registry https://registry.npmmirror.com”命令即可，如图 7-2 所示。

命令提示符
Microsoft Windows [版本 10.0.19041.1415]
(c) Microsoft Corporation。保留所有权利。
C:\Users\LQK>npm config set registry https://registry.npmmirror.com
C:\Users\LQK>

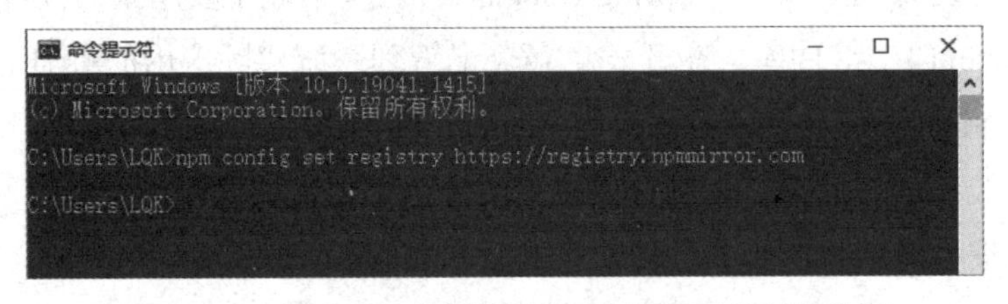

◎ 图 7-2　将默认镜像源设置为访问更顺畅的新镜像源

2. 导入 Vue.js 框架、Axios 库、Element UI 组件库

在 Node.js 安装完成后，即可在“命令提示符”窗口中通过命令来导入 Vue.js 框架、Axios 库、Element UI 组件库。

1）导入 Vue.js 框架

在“命令提示符”窗口中输入“npm install vue”命令即可导入 Vue.js 框架，如图 7-3 所示。

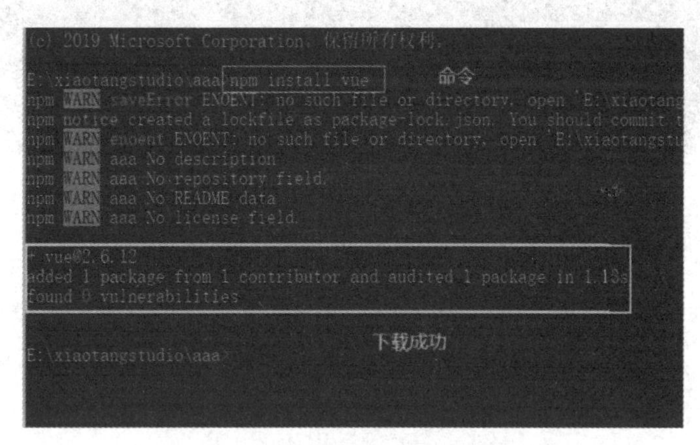

◎ 图 7-3　导入 Vue.js 框架

2）导入 Axios 库

在“命令提示符”窗口中输入“npm install axios”命令即可导入 Axios 库，如图 7-4 所示。

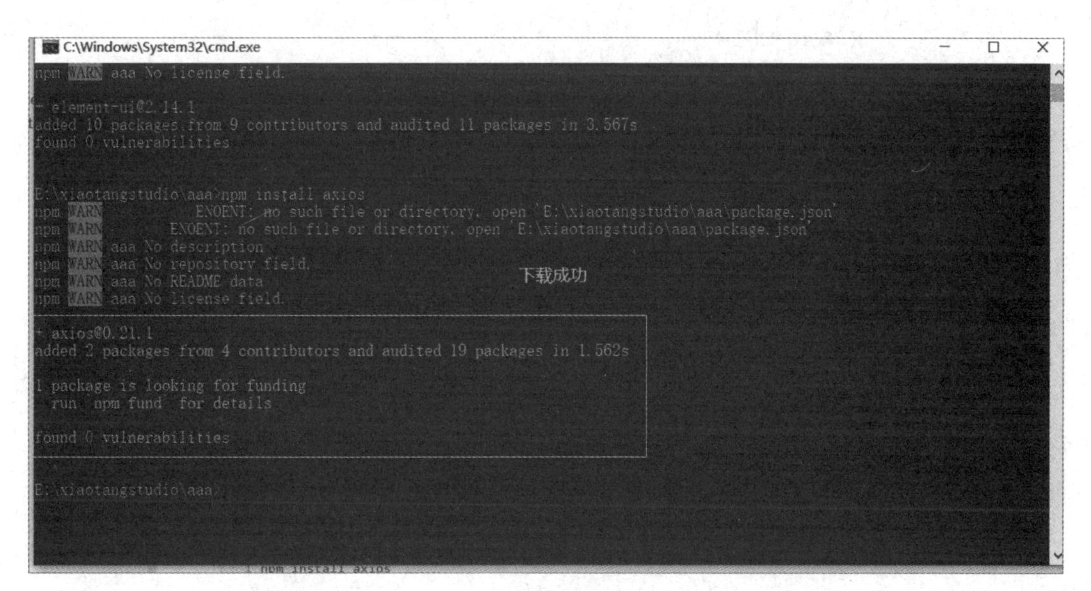

◎ 图 7-4　导入 Axios 库

3）导入 Element UI 组件库

在“命令提示符”窗口中输入“npm i element-ui -S”命令即可导入 Element UI 组件库，如图 7-5 所示。

```
pm WARN          ENOENT: no such file or directory, open 'E:\xiaotangstudio\aaa\package.
pm WARN        ENOENT: no such file or directory, open 'E:\xiaotangstudio\aaa\package.jso
pm WARN aaa No description
pm WARN aaa No repository field.
pm WARN aaa No README data
pm WARN aaa No license field.

element-ui@2.14.1
dded 10 packages from 9 contributors and audited 11 packages in 3.567s
ound 0 vulnerabilities

:\xiaotangstudio\aaa>
```

下载成功

◎ 图 7-5　导入 Element UI 组件库

3. 导入包到 Spring Boot 项目中

在 Vue.js 框架、Axios 库、Element UI 组件库导入完成后，我们先找到 node_modules 文件夹，如图 7-6 所示。如果不清楚该文件夹的路径，则可以借助磁盘搜索工具（如 Quick Search）进行查找。然后在 node_modules 文件夹中找到 vue、axios、element-ui 等文件夹，如图 7-7 所示。

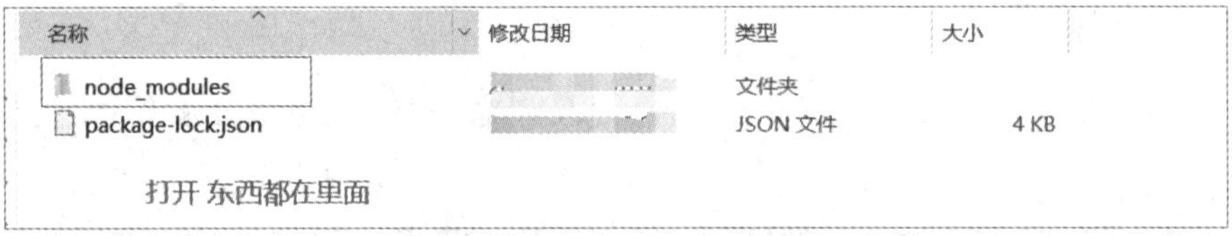

名称	修改日期	类型	大小
node_modules		文件夹	
package-lock.json		JSON 文件	4 KB

打开 东西都在里面

◎ 图 7-6　找到 node_modules 文件夹

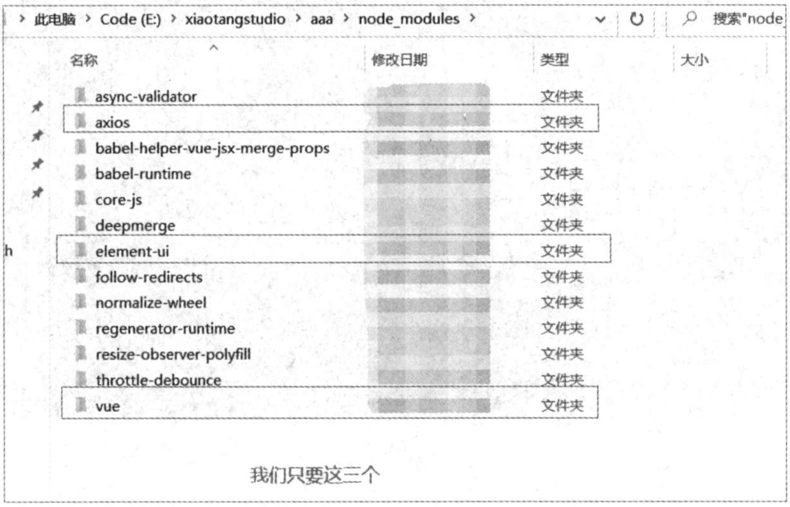

› 此电脑 › Code (E:) › xiaotangstudio › aaa › node_modules ›

名称	修改日期	类型	大小
async-validator		文件夹	
axios		文件夹	
babel-helper-vue-jsx-merge-props		文件夹	
babel-runtime		文件夹	
core-js		文件夹	
deepmerge		文件夹	
element-ui		文件夹	
follow-redirects		文件夹	
normalize-wheel		文件夹	
regenerator-runtime		文件夹	
resize-observer-polyfill		文件夹	
throttle-debounce		文件夹	
vue		文件夹	

我们只要这三个

◎ 图 7-7　找到 vue、axios、element-ui 等文件夹

将 vue 文件夹下 dist 文件夹中的 vue.min.js 文件和 axios 文件夹下 dist 文件夹中的 axios.min.js 文件复制到 Spring Boot 原生项目的 static/js 目录下，如图 7-8 所示。

将整个 element-ui 文件夹复制到 Spring Boot 原生项目的 static 目录下，如图 7-9 所示。

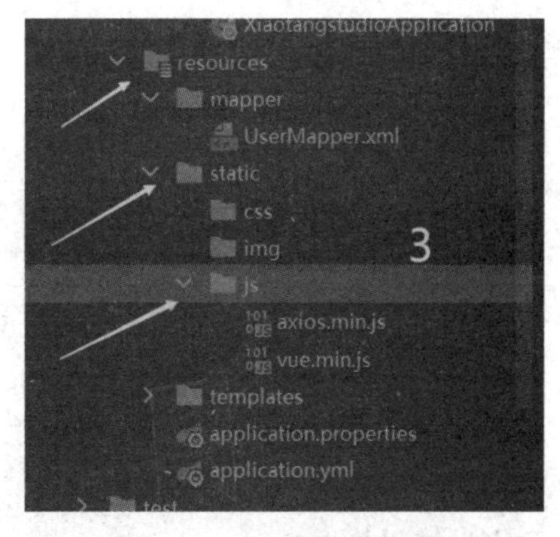

◎ 图 7-8 将 vue.min.js 和 axios.min.js 文件复制到 Spring Boot 原生项目中

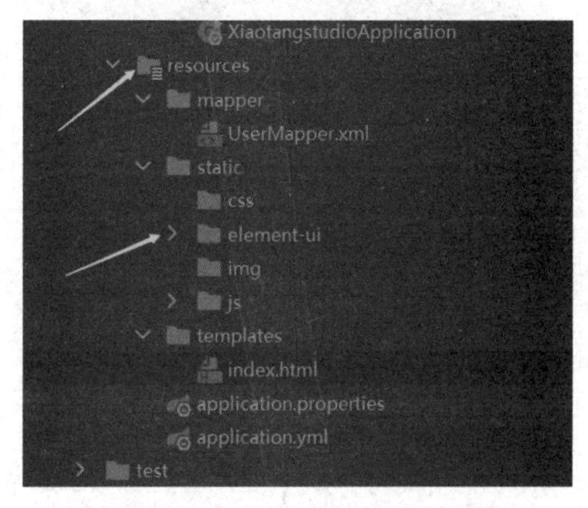

◎ 图 7-9 将 element-ui 文件夹复制到 Spring Boot 原生项目中

4. 测试前端和后端整合操作是否成功

首先在 Spring Boot 原生项目的 templates 目录下创建一个 index.html 文件，然后在 Element UI 官网中找到并复制如图 7-10 所示的一段代码到本地的 index.html 文件中并保存。

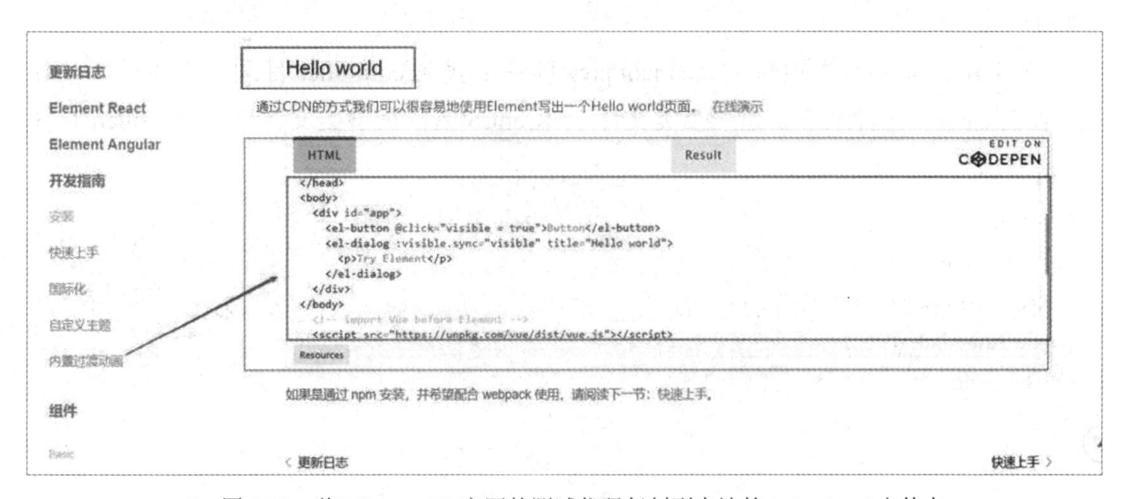

◎ 图 7-10 将 Element UI 官网的测试代码复制到本地的 index.html 文件中

Element UI 官网中的测试代码如下：

```
<html>
<head>
  <meta charset="UTF-8">
  <!-- import CSS -->
  <link rel="stylesheet" href="https://unpkg.com/element-ui/lib/theme-chalk/index.css">
</head>
<body>
  <div id="app">
    <el-button @click="visible = true">Button</el-button>
    <el-dialog :visible.sync="visible" title="Hello world">
      <p>Try Element</p>
    </el-dialog>
  </div>
</body>
  <!-- import Vue before Element -->
  <script src="https://unpkg.com/vue@2/dist/vue.js"></script>
  <!-- import JavaScript -->
  <script src="https://unpkg.com/element-ui/lib/index.js"></script>
  <script>
    new Vue({
      el: '#app',
      data: function() {
        return { visible: false }
      }
    })
  </script>
</html>
```

在 Spring Boot 原生项目的 src/main/java 目录下找到 controller 目录，并通过 IntelliJ IDEA 在 controller 目录下新建一个类文件 TestController，在该类文件 TestController 中添加以下代码：

```
@Controller
public class TestController {
    @RequestMapping({"/index", "/"})
    public String index() {
        return "index";
    }
}
```

在浏览器的地址栏中输入“localhost:8080”（实际端口号需要根据本地实际设定情况灵活调整）后按 Enter 键，如果出现如图 7-11 所示的运行效果，则说明前端与后端整合成功。

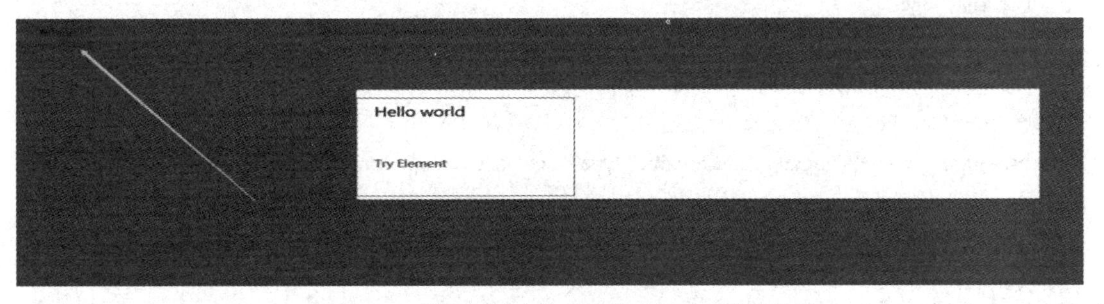

◎ 图 7-11　前端与后端整合成功后的页面测试效果

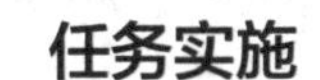

任务实施

美化登录页面

【工作流程】

基于 Vue.js 框架和 Element UI 组件库美化登录页面的主要流程如图 7-12 所示，我们需要先完成登录页面前端代码与后端代码的开发，再配置路由，进行前端与后端联调。

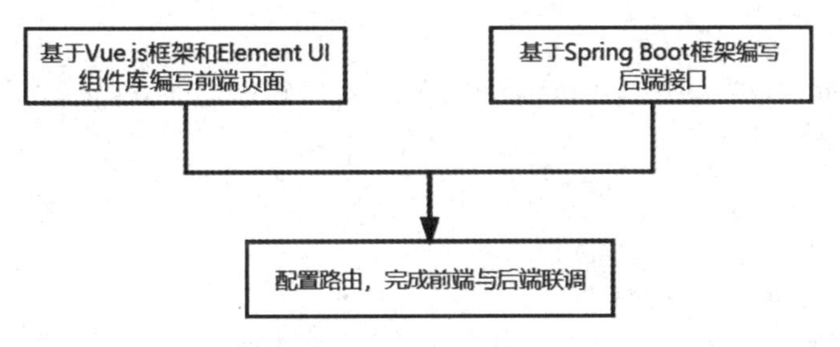

◎ 图 7-12　基于 Vue.js 框架和 Element UI 组件库美化登录页面的主要流程

【操作步骤】

根据图 7-12 所示的主要流程，我们先完成登录页面前端代码的开发。相较于本书单元 3 中图 3-4 所示的登录页面，虽然此时“账号”文本框、“密码”文本框及“登录”按钮本质上仍然是个表单，但是通过引入 Element UI 组件库中的表单控件，能让登录页面看起来更美观，如图 7-13 所示。

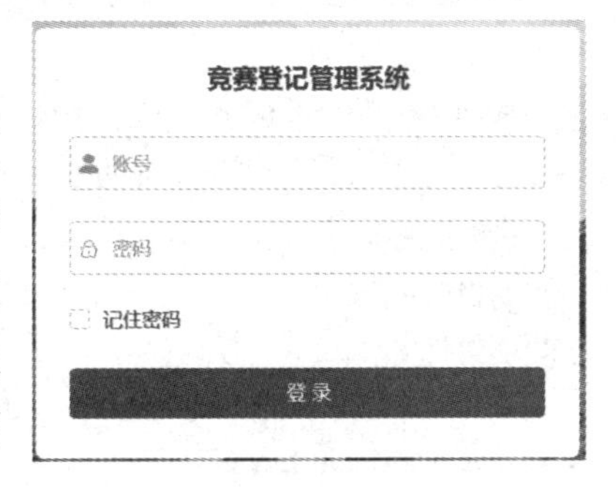

◎ 图 7-13　引入 Element UI 组件库中的表单控件实现的登录页面

登录页面的前端代码如下（受篇幅限制，仅展示部分关键代码，完整代码请参考项目源码）：

```
<template>
  <div class="login">
   <el-form ref="loginForm" :model="loginForm" :rules="loginRules" class="login-form">
    <h3 class="title"> 竞赛登记管理系统 </h3>
    <el-form-item prop="username">
      <el-input v-model="loginForm.username" type="text" auto-complete="off" placeholder=" 账号 ">
        <svg-icon slot="prefix" icon-class="user" class="el-input__icon input-icon" />
      </el-input>
    </el-form-item>
    <el-form-item prop="password">
      <el-input
        v-model="loginForm.password"
        type="password"
        auto-complete="off"
        placeholder=" 密码 "
        @keyup.enter.native="handleLogin"
      >
      <svg-icon slot="prefix" icon-class="password" class="el-input__icon input-icon" />
      </el-input>
      </el-form-item>
      <el-checkbox v-model="loginForm.rememberMe" style="margin:0px 0px 25px 0px;"> 记住密码 </el-checkbox>
   <el-form-item style="width:100%;">
     <el-button
      :loading="loading"
      size="medium"
      type="primary"
      style="width:100%;"
      @click.native.prevent="handleLogin"
     >
      <span v-if="!loading"> 登 录 </span>
      <span v-else> 登 录 中 ...</span>
     </el-button>
   </el-form-item>
  </el-form>
  <!-- 底部 -->
  <div class="el-login-footer">
   <span>Copyright © 2020 重庆工程职业技术学院 All Rights Reserved.</span>
```

```
    </div>
  </div>
</template>

<script>
import Cookies from "js-cookie";
import { encrypt, decrypt } from '@/utils/jsencrypt'

export default {
  name: "Login",
  data() {
    return {
      codeUrl: "",
      cookiePassword: "",
      loginForm: {
        username: "",
        password: "",
        rememberMe: false,
        // code: "",
        uuid: ""
      },
      loginRules: {
        username: [
          { required: true, trigger: "blur", message: " 用户名不能为空 " }
        ],
        password: [
          { required: true, trigger: "blur", message: " 密码不能为空 " }
        ],
      },
      loading: false,
      redirect: undefined
    };
  },
  watch: {
    $route: {
      handler: function(route) {
        this.redirect = route.query && route.query.redirect;
      },
      immediate: true
    }
```

```
},
created() {
  this.getCookie();
},
methods: {
  getCookie() {
    const username = Cookies.get("username");
    const password = Cookies.get("password");
    const rememberMe = Cookies.get('rememberMe')
    this.loginForm = {
      username: username === undefined ? this.loginForm.username : username,
      password: password === undefined ? this.loginForm.password : decrypt(password),
      rememberMe: rememberMe === undefined ? false : Boolean(rememberMe)
    };
  },
  handleLogin() {
    this.$refs.loginForm.validate(valid => {
      if (valid) {
        this.loading = true;
        if (this.loginForm.rememberMe) {
          Cookies.set("username", this.loginForm.username, { expires: 30 });
          Cookies.set("password", encrypt(this.loginForm.password), { expires: 30 });
          Cookies.set('rememberMe', this.loginForm.rememberMe, { expires: 30 });
        } else {
          Cookies.remove("username");
          Cookies.remove("password");
          Cookies.remove('rememberMe');
        }
        this.$store
          .dispatch("Login", this.loginForm)
          .then((res) => {
            console.log("info"+res);
            this.$router.push({ path: this.redirect || "/" });
          })
          .catch(() => {
            this.loading = false;
            this.getCode();
          });
      }
    });
```

```
    }
  }
};
</script>
```

登录页面的后端代码主要是将用户的输入与数据库中的用户账号及密码进行匹配，如果匹配成功，则以该用户账号完成登录，否则给出提示。需要注意的是，数据库中存储的用户密码是密文，因此需要先将用户输入的密码经过同样的加密算法加密，再与数据库中的用户密码进行比对。登录页面的后端代码如下所示（受篇幅限制，仅展示部分关键代码，完整代码请参考项目源码）。

（1）登录功能的 Controller 层的关键代码如下：

```
/**
 * 登录方法
 *
 * @param loginBody 登录信息
 * @return 结果
 */
@PostMapping("/login")
public AjaxResult login(@RequestBody LoginBody loginBody) {
        AjaxResult ajax = AjaxResult.success();
        // 生成令牌
        String token = loginService.login(loginBody.getUsername(), loginBody.getPassword(), loginBody.
getCode(),loginBody.getUuid());
        ajax.put(Constants.TOKEN, token);
        return ajax;
}
```

（2）登录功能的 Service 层的关键代码如下：

```
/**
 * 登录验证
 *
 * @param username 用户名
 * @param password 密码
 * @param code 验证码
 * @param uuid 唯一标识
 * @return 结果
 */
public String login(String username, String password, String code, String uuid)
```

```
{
        // 用户验证
        Authentication authentication = null;
        try
        {
                // 该方法会去调用 UserDetailsServiceImpl.loadUserByUsername
                authentication = authenticationManager.authenticate(new UsernamePasswordAuthentication
Token(username, password));
        }
        catch (Exception e)
        {
                if (e instanceof BadCredentialsException)
                {
                        AsyncManager.me().execute(AsyncFactory.recordLogininfor(username, Constants.
LOGIN_FAIL, MessageUtils.message("user.password.not.match")));
                        throw new UserPasswordNotMatchException();
                }
                else
                {
                        AsyncManager.me().execute(AsyncFactory.recordLogininfor(username, Constants.
LOGIN_FAIL, e.getMessage()));
                        throw new CustomException(e.getMessage());
                }
        }
        AsyncManager.me().execute(AsyncFactory.recordLogininfor(username, Constants.LOGIN_SUCCESS,
MessageUtils.message("user.login.success")));
        LoginUser loginUser = (LoginUser) authentication.getPrincipal();
        // 生成 Token
        return tokenService.createToken(loginUser);
}
```

在前端与后端代码编写完成后，还需要配置登录功能的路由信息，使前端请求能够顺利找到后端服务接口。登录功能的路由配置的关键代码如下：

```
{
  path: '/login',
  component: (resolve) => require(['@/views/login'], resolve),
  hidden: true
}
```

登录页面美化完成后的效果如图 7-14 所示。

◎ 图 7-14　登录页面美化完成后的效果

【任务评价】

评价项目	评价依据	优秀（100%）	良好（80%）	及格（60%）	不及格（0%）
任务理论背景（20 分）	清楚任务要求，解决方案清晰（10 分）				
	能够正确解释 Vue.js 框架和 Element UI 组件库的基本特性（10 分）				
任务实施准备（30 分）	能够正确实现 Spring Boot + Vue.js + Element UI 的整合（30 分）				
任务实施过程及效果（50 分）	完成如图 7-14 所示的登录页面，并实现登录跳转功能（50 分）				

任务 7.2　实现用户菜单模块

任务情境

【任务场景】

竞赛登记管理系统由“用户管理”“角色管理”“菜单管理”“获奖成果管理”等多个功能相对独立的页面组成，系统需要满足让不同角色访问不同页面的需求。例如，校级管理员角色既可以访问“用户管理”“角色管理”“菜单管理”页面，也可以访问“获奖成果管理”页面，如图 7-15 所示；院系管理员角色可以访问“用户管理”“获奖成果管理”页面，如图 7-16 所示；教职工角色只能访问“获奖成果管理”页面，如图 7-17 所示。为了实现这一需求，我们需要灵活设计用户菜单模块。

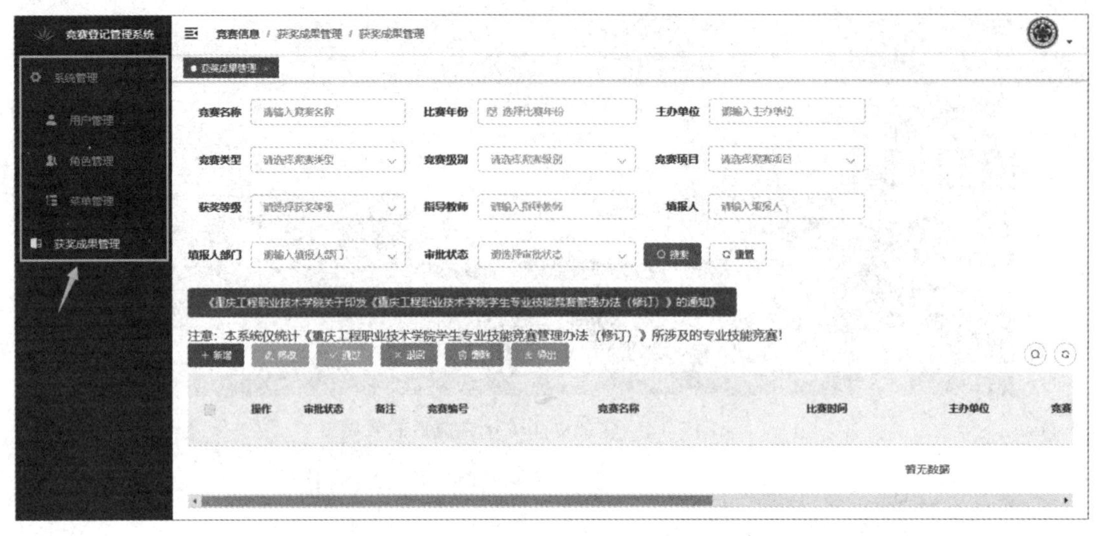

◎ 图 7-15　校级管理员角色访问的“获奖成果管理”页面

◎ 图 7-16　院系管理员角色访问的“获奖成果管理”页面

◎ 图 7-17　教职工角色访问的“获奖成果管理”页面

【任务布置】

在实现用户菜单模块时，从前到后需要完成以下 3 个环节：

（1）实现用户、角色、权限三大板块的灵活配置。

（2）后端程序根据当前登录用户的角色获取该用户可以访问的模块列表。

（3）前端程序根据模块列表动态加载并显示出菜单。

知识准备

从广义上讲，用户菜单模块包含页面权限、操作权限、数据权限 3 个部分。页面权限指用户是否有权限查看某个页面；操作权限指用户是否能对某个数据进行添加、删除、修改、查询等操作；数据权限指用户是否能操作其下属组织成员所能操作的数据。本节以页面权限（即页面的展示和访问控制）为例介绍用户菜单模块。

在基于 Spring Boot 框架和 Vue.js 框架制作左侧导航栏菜单时，通常会涉及两个知识点：RBAC 权限管理和 Vue 路由动态加载。简单来说，RBAC 权限管理是一种基于角色的权限控制方式，通过用户关联角色、角色关联权限的方式给用户间接赋予权限；Vue 路由动态加载指通过动态配置菜单栏的路由参数来实现菜单级的权限控制。

7.2.1　RBAC 权限管理

1. RBAC 的概念

RBAC（Role Based Access Control，基于角色的访问控制）的设计理念是将角色与权限关联起来，通过给用户分配适当的角色，从而让用户拥有该角色对应的权限。

在实践中，用户在操作业务系统的各种权限时，我们不直接给用户赋予具体权限，而是在用户集与权限集之前构建一个角色集，并为每个角色对应一组特有的权限集。只要给用户分配了某个角色，该用户将直接拥有该角色的所有操作权限。基于这种设计方式，开发人员不用每次在创建用户时都进行一遍权限分配操作，只需将角色分配给用户即可。这样的设计方式能够极大地提高权限管理效率。

2. 权限的概念

RBAC 涉及用户、角色、权限三者的有机串联，其中“用户”和“角色”相对比较容易理解，而“权限”这一概念则相对比较抽象。

权限是可访问资源的集合，可访问资源指的是软件中的页面、操作（如添加、删除、修改、查询等）、数据等。权限的配置方式多种多样，如可以将权限分为页面权限、操作权限、数据权限等。

用户菜单模块的一个关键环节是页面权限的控制。竞赛登记管理系统是由一个个页面（如“用户管理”页面、“角色管理”页面、“菜单管理”页面、“获奖成果管理”页面等）组成的，用户是否能够看到某个页面的菜单、是否能够进入某个页面就称为页面权限。

3. 数据表设计

RBAC 中的权限是由模块和行为构成的。在数据库中，有用户信息表、角色信息表、菜单权限表、用户和角色关联表、角色和权限关联表。这 5 个表的逻辑关系如图 7-18 所示。

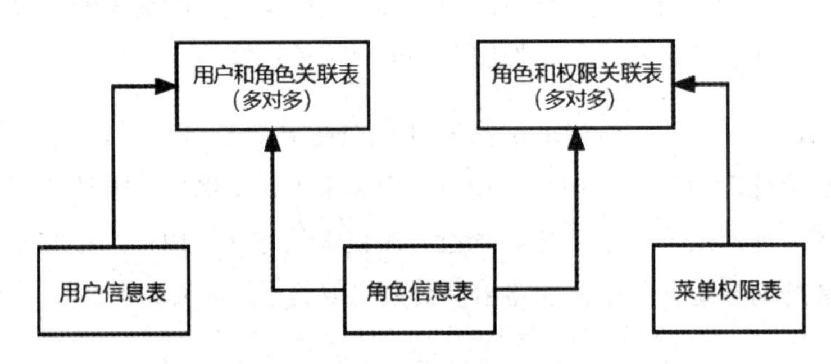

◎ 图 7-18 RBAC 相关数据表的逻辑关系

7.2.2 Vue 路由动态加载

1. Vue 路由动态加载的过程概述

Vue 路由动态加载指在用户登录成功后，系统根据用户的角色获取该用户对应的菜单（含页面、操作等）权限，并将菜单权限动态载入路由。

2. Vue 路由动态加载的实现思路

在 vue-router 对象中首先会对公共路由（如 401、404、login、redirect 等）进行初始化，然后在用户登录成功之后，根据当前登录用户的角色，获取对应权限列表 menuList，接下来会将后端返回的 menuList 转换成前端 Vue.js 框架所需要的路由数据结构。同时我们可以将转换后的路由信息保存在 Vuex 中，这样就可以在 SideBar 组件中获取全部路由信息，并且渲染左侧导航栏中的菜单，实现路由的动态加载。

任务实施

实现用户菜单模块

【工作流程】

实现用户菜单模块的主要流程如图 7-19 所示。

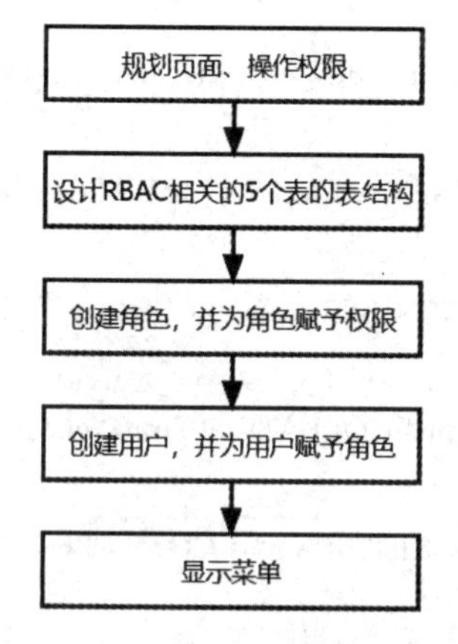

◎ 图 7-19 实现用户菜单模块的主要流程

为了提升系统维护的便利性，针对用户菜单模块，还需要完成以下 3 个用户操作页面：

（1）要制作“角色管理”页面，能快速创建一个新角色，并且在创建角色的同时能为角色配置权限，而且支持灵活修改已有角色的权限（即能够访问的菜单页面）。

（2）要制作“用户管理”页面，能快速创建一个新用户，并且在创建用户的同时能为用户配置角色，而且支持灵活修改已有用户拥有的角色。

（3）要制作“菜单管理”页面，能快速创建一个菜单链接，并且支持灵活修改已有的菜单链接。

【操作步骤】

我们已经在本节前面的内容中提到，竞赛登记管理系统至少要开发“角色管理”页面、“用户管理”页面、“菜单管理”页面、“获奖成果管理”页面。从页面权限控制的角度来看，我们首先要根据 RBAC 的概念，设计用户信息表、角色信息表、菜单权限表、用户和角色关联表、角色和权限关联表等数据表，下面将给出这 5 个表的表结构（由于项目的实际应用需要考虑的因素较多，因此部分表都设计了较多字段，读者可以重点关注加下画线的字段）。

用户信息表的表结构如下：

```
CREATE TABLE `sys_user` (
 `user_id` bigint(20) NOT NULL AUTO_INCREMENT COMMENT ' 用户 ID',
 `dept_id` bigint(20) NULL DEFAULT NULL COMMENT ' 部门 ID',
 `user_name` varchar(30) CHARACTER SET utf8mb4 COLLATE utf8mb4_general_ci NOT NULL COMMENT
' 用户账号 ',
 `nick_name` varchar(30) CHARACTER SET utf8mb4 COLLATE utf8mb4_general_ci NULL DEFAULT NULL
COMMENT ' 用户昵称 ',
 `user_type` varchar(2) CHARACTER SET utf8mb4 COLLATE utf8mb4_general_ci NULL DEFAULT '00'
COMMENT ' 用户类型（00 系统用户）',
 `email` varchar(50) CHARACTER SET utf8mb4 COLLATE utf8mb4_general_ci NULL DEFAULT ''
COMMENT ' 用户邮箱 ',
 `phonenumber` varchar(11) CHARACTER SET utf8mb4 COLLATE utf8mb4_general_ci NULL DEFAULT ''
COMMENT ' 手机号码 ',
 `sex` char(1) CHARACTER SET utf8mb4 COLLATE utf8mb4_general_ci NULL DEFAULT '0' COMMENT '
用户性别（0男 1女 2未知）',
 `avatar` varchar(100) CHARACTER SET utf8mb4 COLLATE utf8mb4_general_ci NULL DEFAULT ''
COMMENT ' 头像地址 ',
 `password` varchar(100) CHARACTER SET utf8mb4 COLLATE utf8mb4_general_ci NULL DEFAULT ''
COMMENT ' 密码 ',
 `status` char(1) CHARACTER SET utf8mb4 COLLATE utf8mb4_general_ci NULL DEFAULT '0' COMMENT
' 账号状态（0正常 1停用）',
 `del_flag` char(1) CHARACTER SET utf8mb4 COLLATE utf8mb4_general_ci NULL DEFAULT '0'
COMMENT ' 删除标志（0代表存在 2代表删除）',
 `login_ip` varchar(50) CHARACTER SET utf8mb4 COLLATE utf8mb4_general_ci NULL DEFAULT ''
COMMENT ' 最后登录 IP',
 `login_date` datetime(0) NULL DEFAULT NULL COMMENT ' 最后登录时间 ',
 `create_by` varchar(64) CHARACTER SET utf8mb4 COLLATE utf8mb4_general_ci NULL DEFAULT ''
COMMENT ' 创建者 ',
 `create_time` datetime(0) NULL DEFAULT NULL COMMENT ' 创建时间 ',
 `update_by` varchar(64) CHARACTER SET utf8mb4 COLLATE utf8mb4_general_ci NULL DEFAULT ''
COMMENT ' 更新者 ',
 `update_time` datetime(0) NULL DEFAULT NULL COMMENT ' 更新时间 ',
 `remark` varchar(500) CHARACTER SET utf8mb4 COLLATE utf8mb4_general_ci NULL DEFAULT NULL
COMMENT ' 备注 ',
 PRIMARY KEY (`user_id`) USING BTREE
) ENGINE = InnoDB AUTO_INCREMENT = 104 CHARACTER SET = utf8mb4 COLLATE = utf8mb4_
general_ci COMMENT = ' 用户信息表 ' ROW_FORMAT = Dynamic;
```

角色信息表的表结构如下：

```
CREATE TABLE `sys_role` (
 `role_id` bigint(20) NOT NULL AUTO_INCREMENT COMMENT ' 角色 ID',
```

```
`role_name` varchar(30) CHARACTER SET utf8mb4 COLLATE utf8mb4_general_ci NOT NULL COMMENT
'角色名称',
`role_key` varchar(100) CHARACTER SET utf8mb4 COLLATE utf8mb4_general_ci NOT NULL COMMENT
'角色权限字符串',
`role_sort` int(4) NOT NULL COMMENT '显示顺序',
`data_scope` char(1) CHARACTER SET utf8mb4 COLLATE utf8mb4_general_ci NULL DEFAULT '1'
COMMENT '数据范围（1：全部数据权限 2：自定数据权限 3：本部门数据权限 4：本部门及以下数据权限）',
`menu_check_strictly` tinyint(1) NULL DEFAULT 1 COMMENT '菜单树选择项是否关联显示',
`dept_check_strictly` tinyint(1) NULL DEFAULT 1 COMMENT '部门树选择项是否关联显示',
`status` char(1) CHARACTER SET utf8mb4 COLLATE utf8mb4_general_ci NOT NULL COMMENT '角色
状态（0正常 1停用）',
`del_flag` char(1) CHARACTER SET utf8mb4 COLLATE utf8mb4_general_ci NULL DEFAULT '0'
COMMENT '删除标志（0代表存在 2代表删除）',
`create_by` varchar(64) CHARACTER SET utf8mb4 COLLATE utf8mb4_general_ci NULL DEFAULT ''
COMMENT '创建者',
`create_time` datetime(0) NULL DEFAULT NULL COMMENT '创建时间',
`update_by` varchar(64) CHARACTER SET utf8mb4 COLLATE utf8mb4_general_ci NULL DEFAULT ''
COMMENT '更新者',
`update_time` datetime(0) NULL DEFAULT NULL COMMENT '更新时间',
`remark` varchar(500) CHARACTER SET utf8mb4 COLLATE utf8mb4_general_ci NULL DEFAULT NULL
COMMENT '备注',
PRIMARY KEY (`role_id`) USING BTREE
) ENGINE = InnoDB AUTO_INCREMENT = 103 CHARACTER SET = utf8mb4 COLLATE = utf8mb4_
general_ci COMMENT = '角色信息表' ROW_FORMAT = Dynamic;
```

菜单权限表的表结构如下：

```
CREATE TABLE `sys_menu` (
`menu_id` bigint(20) NOT NULL AUTO_INCREMENT COMMENT '菜单 ID',
`menu_name` varchar(50) CHARACTER SET utf8mb4 COLLATE utf8mb4_general_ci NOT NULL
COMMENT '菜单名称',
`parent_id` bigint(20) NULL DEFAULT 0 COMMENT '父菜单 ID',
`order_num` int(4) NULL DEFAULT 0 COMMENT '显示顺序',
`path` varchar(200) CHARACTER SET utf8mb4 COLLATE utf8mb4_general_ci NULL DEFAULT ''
COMMENT '路由地址',
`component` varchar(255) CHARACTER SET utf8mb4 COLLATE utf8mb4_general_ci NULL DEFAULT
NULL COMMENT '组件路径',
`is_frame` int(1) NULL DEFAULT 1 COMMENT '是否为外链（0是 1否）',
`is_cache` int(1) NULL DEFAULT 0 COMMENT '是否缓存（0缓存 1不缓存）',
`menu_type` char(1) CHARACTER SET utf8mb4 COLLATE utf8mb4_general_ci NULL DEFAULT ''
COMMENT '菜单类型（M目录 C菜单 F按钮）',
`visible` char(1) CHARACTER SET utf8mb4 COLLATE utf8mb4_general_ci NULL DEFAULT '0' COMMENT
```

```
'菜单状态（0显示 1隐藏）',
  `status` char(1) CHARACTER SET utf8mb4 COLLATE utf8mb4_general_ci NULL DEFAULT '0' COMMENT
'菜单状态（0正常 1停用）',
  `perms` varchar(100) CHARACTER SET utf8mb4 COLLATE utf8mb4_general_ci NULL DEFAULT NULL
COMMENT '权限标识',
  `icon` varchar(100) CHARACTER SET utf8mb4 COLLATE utf8mb4_general_ci NULL DEFAULT '#'
COMMENT '菜单图标',
  `create_by` varchar(64) CHARACTER SET utf8mb4 COLLATE utf8mb4_general_ci NULL DEFAULT ''
COMMENT '创建者',
  `create_time` datetime(0) NULL DEFAULT NULL COMMENT '创建时间',
  `update_by` varchar(64) CHARACTER SET utf8mb4 COLLATE utf8mb4_general_ci NULL DEFAULT ''
COMMENT '更新者',
  `update_time` datetime(0) NULL DEFAULT NULL COMMENT '更新时间',
  `remark` varchar(500) CHARACTER SET utf8mb4 COLLATE utf8mb4_general_ci NULL DEFAULT ''
COMMENT '备注',
  PRIMARY KEY (`menu_id`) USING BTREE
) ENGINE = InnoDB AUTO_INCREMENT = 2028 CHARACTER SET = utf8mb4 COLLATE = utf8mb4_
general_ci COMMENT = '菜单权限表' ROW_FORMAT = Dynamic;
```

用户和角色关联表的表结构如下：

```
CREATE TABLE `sys_user_role` (
  `user_id` bigint(20) NOT NULL COMMENT '用户 ID',
  `role_id` bigint(20) NOT NULL COMMENT '角色 ID',
  PRIMARY KEY (`user_id`, `role_id`) USING BTREE
) ENGINE = InnoDB CHARACTER SET = utf8mb4 COLLATE = utf8mb4_general_ci COMMENT = '用户和
角色关联表' ROW_FORMAT = Dynamic;
```

角色和权限关联表的表结构如下：

```
CREATE TABLE `sys_role_menu` (
  `role_id` bigint(20) NOT NULL COMMENT '角色 ID',
  `menu_id` bigint(20) NOT NULL COMMENT '菜单 ID',
  PRIMARY KEY (`role_id`, `menu_id`) USING BTREE
) ENGINE = InnoDB CHARACTER SET = utf8mb4 COLLATE = utf8mb4_general_ci COMMENT = '角色和
菜单关联表' ROW_FORMAT = Dynamic;
```

在表结构设计完成后，开发“用户管理”页面、“角色管理”页面、“菜单管理”页面，通过开发的页面新增角色和用户，并为角色赋予权限、为用户赋予角色。数据配置完成后的效果如图 7-20 ～图 7-24 所示。由于这 3 个页面的前端与后端开发不属于本节主要内容，因此这里不展开介绍，读者可以通过本书配套程序查看实现代码。

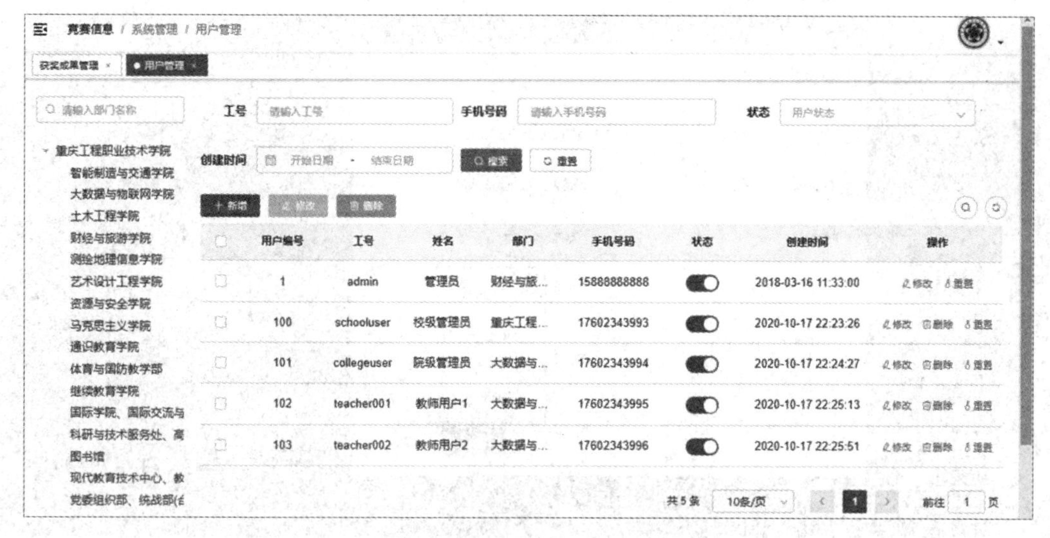

◎ 图 7-20 “用户管理”页面效果

◎ 图 7-21 “角色管理”页面效果

◎ 图 7-22 “菜单管理”页面效果

◎ 图 7-23　用户和角色关联配置页面效果

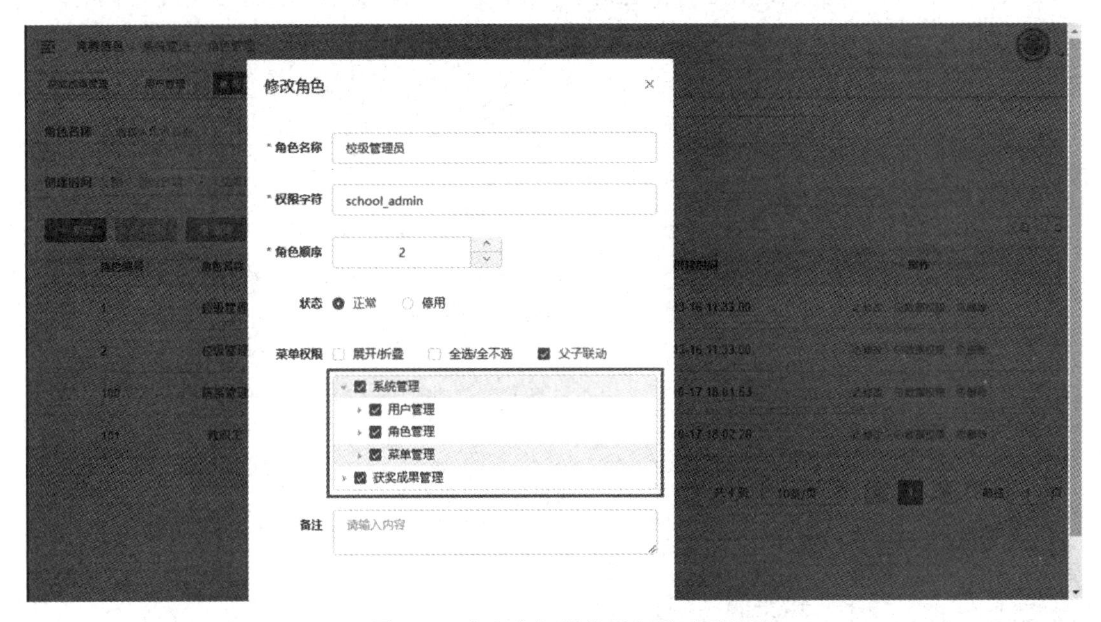

◎ 图 7-24　角色和权限关联配置页面效果

在数据配置完成后，开始构建如图 7-15 ～图 7-17 所示的页面中左侧的导航栏菜单。

第一步，定义公共路由。代码如下：

```
import Vue from 'vue'
import Router from 'vue-router'

Vue.use(Router)
```

```
import Layout from '@/layout'

export const constantRoutes = [
 {
  path: '/redirect',
  component: Layout,
  hidden: true,
  children: [
   {
    path: '/redirect/:path(.*)',
    component: (resolve) => require(['@/views/redirect'], resolve)
   }
  ]
 },
 {
  path: '/login',
  component: (resolve) => require(['@/views/login'], resolve),
  hidden: true
 },
 {
  path: '/ssologin',
  component: (resolve) => require(['@/views/ssologin'], resolve),
  hidden: true
 },
 {
  path: '/404',
  component: (resolve) => require(['@/views/error/404'], resolve),
  hidden: true
 },
 {
  path: '/401',
  component: (resolve) => require(['@/views/error/401'], resolve),
  hidden: true
 },
 {
  path: '',
  component: Layout,
  redirect: 'info/compete',


 },
```

```
{
  path: '/user',
  component: Layout,
  hidden: true,
  redirect: 'noredirect',
  children: [
    {
      path: 'profile',
      component: (resolve) => require(['@/views/system/user/profile/index'], resolve),
      name: 'Profile',
      meta: { title: ' 个人中心 ', icon: 'user' }
    }
  ]
},
{
  path: '/dict',
  component: Layout,
  hidden: true,
  children: [
    {
      path: 'type/data/:dictId(\\d+)',
      component: (resolve) => require(['@/views/system/dict/data'], resolve),
      name: 'Data',
      meta: { title: ' 字典数据 ', icon: '' }
    }
  ]

},
{
  path: '/job',
  component: Layout,
  hidden: true,
  children: [
    {
      path: 'log',
      component: (resolve) => require(['@/views/monitor/job/log'], resolve),
      name: 'JobLog',
      meta: { title: ' 调度日志 ' }
    }
  ]
```

```
  },
  {
    path: '/gen',
    component: Layout,
    hidden: true,
    children: [
      {
        path: 'edit/:tableId(\\d+)',
        component: (resolve) => require(['@/views/tool/gen/editTable'], resolve),
        name: 'GenEdit',
        meta: { title: ' 修改生成配置 ' }
      }
    ]
  }
]

export default new Router({
  mode: 'history', // 去掉 URL 中的 #
  scrollBehavior: () => ({ y: 0 }),
  routes: constantRoutes
})
```

第二步，获取菜单信息。代码如下：

```
import { constantRoutes } from '@/router'//***
import { getRouters } from '@/api/menu'
import Layout from '@/layout/index'

const permission = {
  state: {
    routes: [],
    addRoutes: []
  },
  mutations: {
    SET_ROUTES: (state, routes) => {
      state.addRoutes = routes
      state.routes = constantRoutes.concat(routes)
    }
  },
  actions: {
    // 生成路由
    GenerateRoutes({ commit }) {
```

```
    return new Promise(resolve => {
      // 向后端请求路由数据 ***
      getRouters().then(res => {
        const accessedRoutes = filterAsyncRouter(res.data)
        accessedRoutes.push({ path: '*', redirect: '/404', hidden: true })
        commit('SET_ROUTES', accessedRoutes)
        resolve(accessedRoutes)
      })
    })
  }
 }
}

// 遍历后端传来的路由字符串，并将其转换为组件对象
function filterAsyncRouter(asyncRouterMap) {
 return asyncRouterMap.filter(route => {
  if (route.component) {
   // Layout 组件特殊处理
   if (route.component === 'Layout') {
    route.component = Layout
   } else {
    route.component = loadView(route.component)
   }
  }
  if (route.children != null && route.children && route.children.length) {
   route.children = filterAsyncRouter(route.children)
  }
  return true
 })
}

export const loadView = (view) => { // 路由懒加载
 return (resolve) =>  require([`@/views/${view}`], resolve)
}

export default permission
```

第三步，渲染菜单。代码如下：

```
<template>
  <div :class="{'has-logo':showLogo}">
    <logo v-if="showLogo" :collapse="isCollapse" />
```

```
    <el-scrollbar wrap-class="scrollbar-wrapper">
      <el-menu
        :default-active="activeMenu"
        :collapse="isCollapse"
        :background-color="variables.menuBg"
        :text-color="variables.menuText"
        :unique-opened="true"
        :active-text-color="settings.theme"
        :collapse-transition="false"
        mode="vertical"
      >
        <sidebar-item
          v-for="(route, index) in permission_routes"
          :key="route.path  + index"
          :item="route"
          :base-path="route.path"
        />
      </el-menu>
    </el-scrollbar>
  </div>
</template>

<script>

import { mapGetters, mapState } from "vuex";
import Logo from "./Logo";
import SidebarItem from "./SidebarItem";
import variables from "@/assets/styles/variables.scss";

export default {
  components: { SidebarItem, Logo },
  computed: {
    ...mapState(["settings"]),
    ...mapGetters(["permission_routes", "sidebar"]),
    activeMenu() {
      const route = this.$route;
      const { meta, path } = route;
      // if set path, the sidebar will highlight the path you set
      if (meta.activeMenu) {
        return meta.activeMenu;
```

```
      }
      return path;
    },
    showLogo() {
      return this.$store.state.settings.sidebarLogo;
    },
    variables() {
      return variables;
    },
    isCollapse() {
      return !this.sidebar.opened;
    }
  }
};
</script>
```

【任务评价】

评价项目	评价依据	优秀（100%）	良好（80%）	及格（60%）	不及格（0%）
任务理论背景（20分）	清楚任务要求，解决方案清晰（10分）				
	能够正确解释 RBAC 的相关内容（5分）				
	能够正确叙述 Vue 路由动态加载的过程（5分）				
任务实施准备（30分）	能够根据图 7-19 所示的流程图阐述每个步骤的关键操作（30分）				
任务实施过程及效果（50分）	能够根据不同角色渲染出不同的菜单内容（50分）				

【任务拓展】

在任务 7.2 的“操作步骤”部分，我们已经完成了用户菜单模块的显示。但是，我们还未介绍在权限控制的过程中，如何放行当前角色可访问的页面请求，以及如何拦截当前角色不可访问的页面请求。现在，我们围绕这两个问题进行简要介绍。

在用户登录成功并跳转后，前端将向后端发起一个名为“getRouter”的请求，分析该请求可以发现，从后端获取到了当前角色有权限访问的页面路由。例如，此时教职工角色的“getRouter”请求只获取到了“/info/compete”路由，如图 7-25 所示。

当我们以教职工角色访问其有权限访问的“获奖成果管理”页面（/info/compete）时，系统会正常放行，如图 7-26 所示。

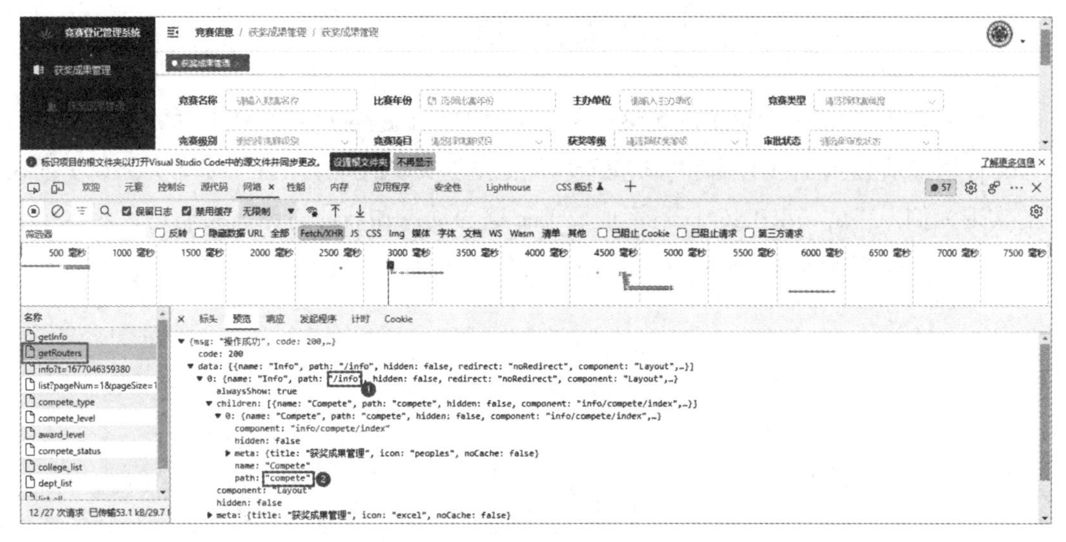

◎ 图 7-25　获取当前角色有权限访问的页面的请求

◎ 图 7-26　系统放行当前角色有权限访问的页面请求

当我们以教职工角色访问其没有权限访问的“用户管理”页面（/system/user）时，会发现无法访问，如图 7-27 所示。

◎ 图 7-27　系统拦截当前角色没有权限访问的页面请求

总结归纳

本单元介绍了 Spring Boot 框架整合 Vue.js 框架及 Element UI 组件库的方法，通过引入 Vue.js 框架及 Element UI 组件库，我们能优化出更美观的登录页面。本单元还以页面权限的实现为例，讲解了 RBAC 权限管理及 Vue 路由动态加载的思路。希望通过对本单元内容的学习，读者能够基于 Spring Boot 框架开发出更美观、更安全的系统模块。

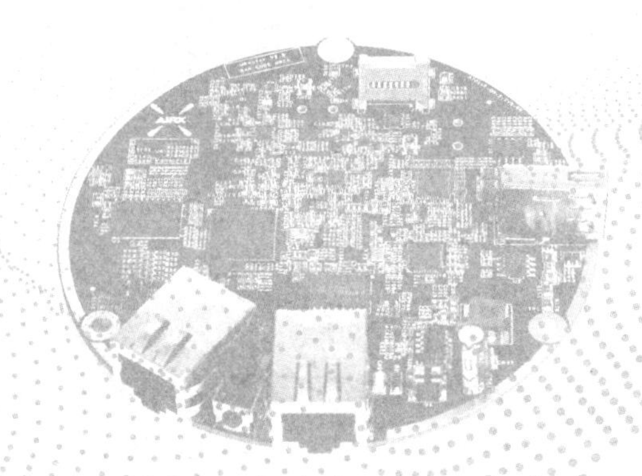

单元 8

竞赛登记管理系统部署

学习目标

掌握 Spring Boot+Vue.js 项目的前端与后端部署方式。

任务 8.1　将开发完成的系统发布到服务器

任务情境

【任务场景】

通过对本书前面单元内容的学习，我们能够完成竞赛登记管理系统的本地开发，并让竞赛登记管理系统基于后端开发工具 IntelliJ IDEA 和前端开发工具 VS Code 实现本地启动。但是，采用 Spring Boot 框架开发出来的网站在服务器端进行部署时，不会在服务器上安装 IntelliJ IDEA 和 VS Code 这两个编辑器，而是在服务器上直接运行打包好的前端和后端项目。

【任务布置】

我们需要以自己的计算机作为服务器，让竞赛登记管理系统在不启动 IntelliJ IDEA 和 VS Code 这两款编辑器的情况下运行起来。为了实现这个目标，首先需要安装依赖软件，然后打包后端程序和前端程序，最后运行打包好的前端程序文件和后端程序文件。在前端程序和后端程序运行成功后，我们应能够在浏览器中访问到部署好的竞赛登记管理系统。

知识准备

因为 Spring Boot 项目可以内嵌 Servlet 容器，所以可以直接将后端程序以可执行 JAR 包的形式部署在安装过 Java 运行环境的服务器上。对前端程序而言，先采用传统的 Vue.js 项目打包方式进行打包，再发布到安装了 Node.js 环境的服务器上即可运行。

8.1.1 系统部署需要依赖的软件介绍

1. JDK

JDK 是 Java 语言的软件开发工具包，主要用于移动设备、嵌入式设备上的 Java 应用程序的开发。JDK 是整个 Java 开发的核心，它包含了 Java 运行环境（JVM 和 Java 系统类库）和 Java 工具。

在本项目中，我们采用 JDK 1.8 作为 Java 后端程序的运行环境。

2. MySQL

MySQL 是一个关系型数据库管理系统（Relational Database Management System，RDBMS），由瑞典 MySQL AB 公司开发，现属于 Oracle 公司旗下产品。MySQL 是最流行的关系型数据库管理系统之一，在 Web 应用方面，MySQL 是最好的关系型数据库管理系统应用软件之一。

在本项目中，我们采用的数据库为 MySQL 5.7。

3. Redis

Redis（Remote Dictionary Server，远程字典服务）是一个开源的、使用 C 语言编写、遵守 BSD 协议、支持网络、可基于内存、可基于分布式、可基于可选持久性的键-值对（Key-Value）存储数据库，并提供多种语言的 API 接口。

在本项目中，我们采用 Redis 3.0 作为缓存工具，用来充当数据库和后端程序的中间件，并存放用户登录信息等。

4. Nginx

Nginx 是一个高性能的 HTTP 和反向代理 Web 服务器，同时提供 IMAP/POP3/SMTP 服务。

在本项目中，我们将 Nginx 作为代理工具，解决由前端与后端服务端口不同造成的“跨域访问”问题。

8.1.2　后端工程代码部署

竞赛登记管理系统可以通过 JAR 包部署的方式进行部署。JAR 包部署的过程主要涉及两个步骤：JAR 打包和运行 JAR 文件。

竞赛登记管理系统的架构方式是单机应用，我们可以将该系统的后端程序打包成 JAR 包后部署到服务器上，部署的过程非常简单方便。

Spring Boot 作为一款快速开发框架，其简化了很多配置，甚至能将 Tomcat 服务器直接内置到框架中。我们通过 IntelliJ IDEA 的 Maven 插件能够直接将该系统的后端程序打包生成 JAR 文件，将该 JAR 文件部署到服务上即可直接运行。

8.1.3　前端工程代码部署

在“命令提示符”窗口中切换到前端项目根目录下，运行“npm run build”命令即可将项目打包。Vue 项目的打包操作能将由 .vue 格式文件组成的项目转换成由静态的 HTML、CSS、JS 文件组成的项目。

在对前端项目进行打包前，前端程序只能在 Node.js 环境下调试运行。打包后，可以将打包好的文件部署到 Tomcat、IIS 或 Nginx 等 Web 服务器中运行。

打包完成后，会在前端项目根目录下生成 dist 文件夹，将 dist 文件夹复制到 Web 服务器相应目录下即可运行。

任务实施

系统部署

【工作流程】

部署竞赛登记管理系统的主要流程如图 8-1 所示。

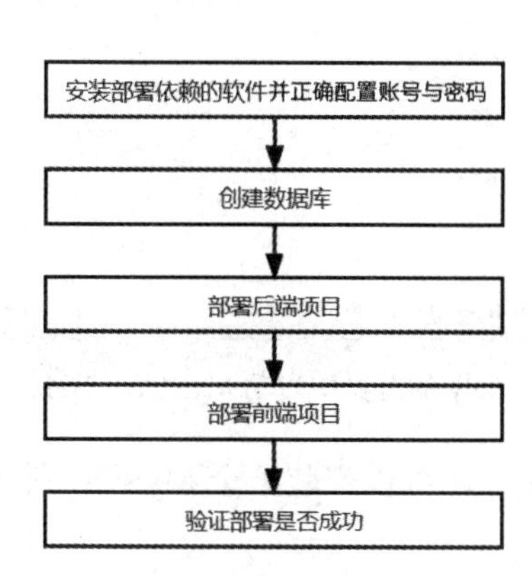

◎ 图 8-1　部署竞赛登记管理系统的主要流程

思政一刻

通过对前面内容的学习，相信大家已经完成了一个能在本地正常运行的竞赛登记管理系统，但为了让更多的用户能够方便地使用开发完成的竞赛登记管理系统，我们还需要正确地部署该系统。我们做任何事情都应该有“善始善终”的态度，这样才能把事情做好。

【操作步骤】

1. 安装部署依赖的软件并正确配置账号与密码

根据图 8-1 所示的主要流程，我们首先需要确保要部署竞赛登记管理系统的计算机上正确安装与配置了 JDK 1.8、MySQL 5.7 及以上版本、Redis 3.0 及以上版本、Nginx 等软件。关于 JDK 的安装这里不再赘述，MySQL、Redis、Nginx 的安装推荐使用免费的集成包——phpStudy。读者可以根据网上的安装教程自行下载并安装 phpStudy，推荐使用 phpStudy 8.1。

在运行 phpStudy 后，可以在首页启动 MySQL、Nginx、Redis，启动后的效果如图 8-2 所示。

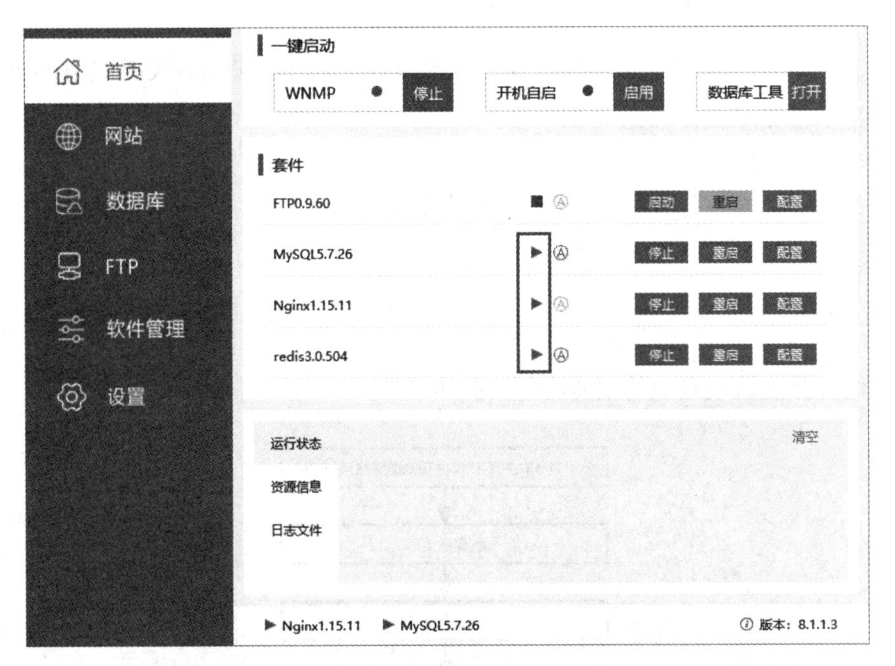

◎ 图 8-2 在 phpStudy 的首页中启动 MySQL、Nginx、Redis 后的效果

为了更直观地管理数据库，还可以安装一个 MySQL 图形化管理工具 phpMyAdmin，如图 8-3 所示。

◎ 图 8-3　在 phpStudy 中安装 MySQL 图形化管理工具 phpMyAdmin

在 MySQL 启动成功后，需确保 MySQL 的登录账号和密码与程序中配置的账号和密码一致。查看程序中配置的 MySQL 的账号和密码，如图 8-4 所示。

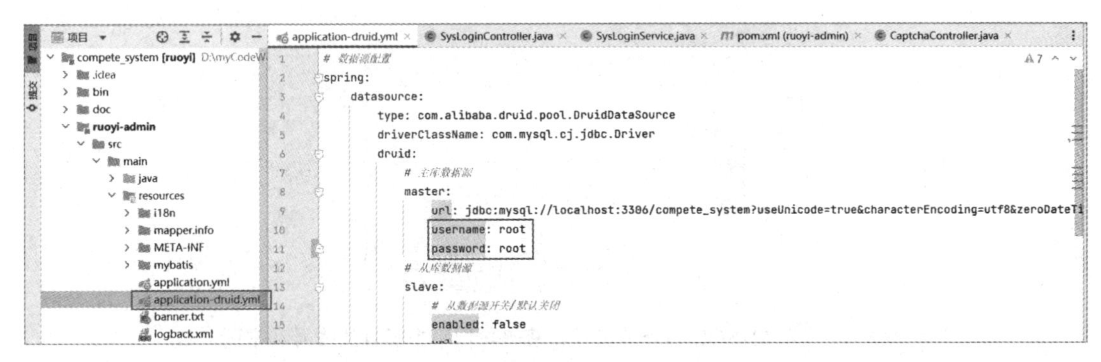

◎ 图 8-4　查看程序中配置的 MySQL 的账号和密码

通过 MySQL 图形化管理工具 phpMyAdmin 登录 MySQL 的操作如图 8-5 和图 8-6 所示。

在 Redis 启动成功后，也需确保 Redis 的登录密码与程序中配置的密码一致。查看程序中配置的 Redis 的密码，如图 8-7 所示。

通过 phpStudy 查看当前计算机中 Redis 的登录密码的操作步骤如图 8-8 和图 8-9 所示。

◎ 图 8-5　进入 MySQL 图形化管理工具

◎ 图 8-6　确保 MySQL 的登录账号和密码与程序中配置的账号和密码一致

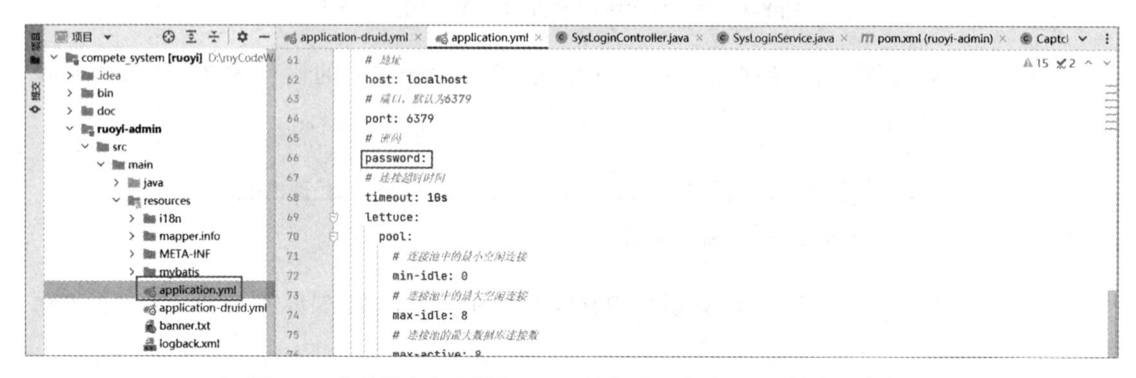

◎ 图 8-7　查看程序中配置的 Redis 的密码（此时 Redis 的密码为空）

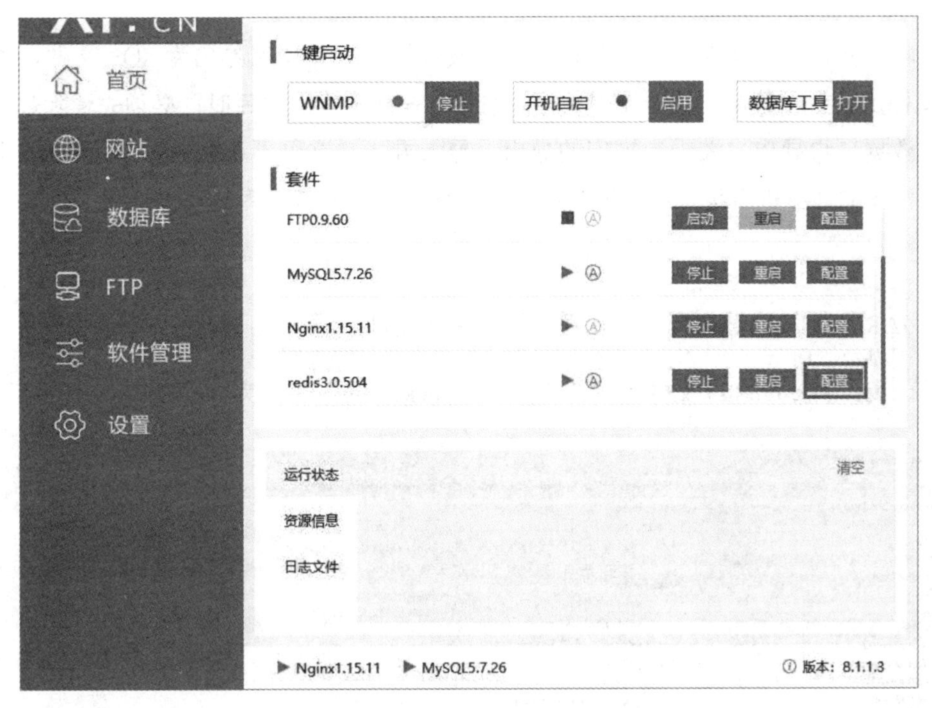

◎ 图 8-8　进入 Redis 配置界面

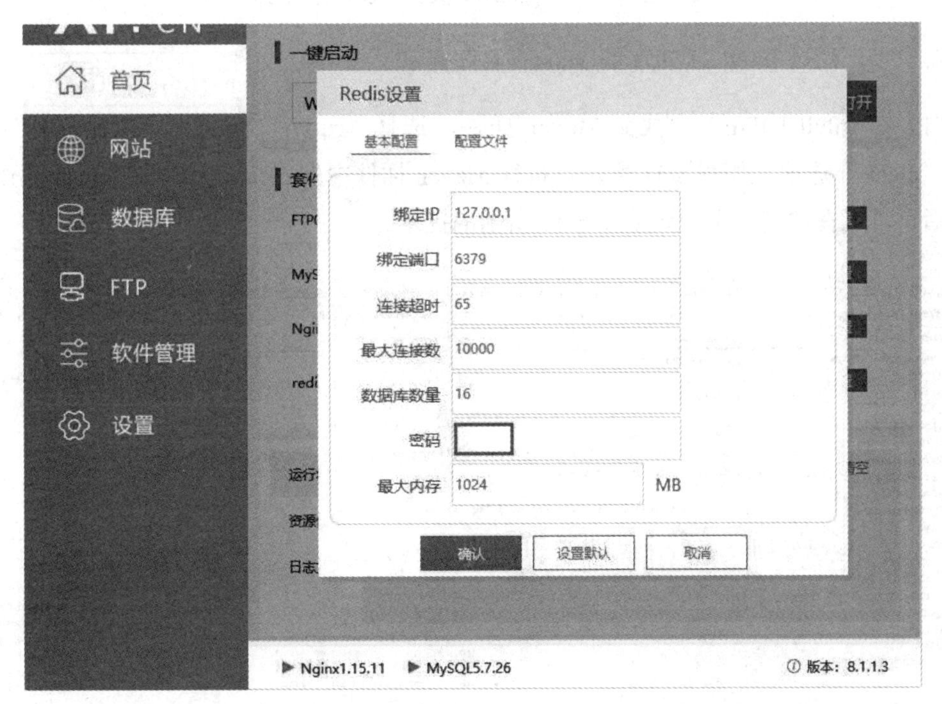

◎ 图 8-9　确保 Redis 的登录密码与程序中配置的密码一致（此时 Redis 的密码为空）

2. 创建数据库

在软件安装与配置完成后，我们先将开发环境中的数据库导出为 SQL 文件，再将该 SQL 文件复制到服务器的数据库中执行。注意，在部署实际项目时，必须先清除数据库中的测试数据，再导出（关于数据库的导出、导入方式，这里不再赘述）。注意，如果直接在开发程序的计算机上进行部署练习，则无须导出、导入数据库。

3. 部署后端项目

以 JAR 包方式部署竞赛登记管理系统的后端项目。

第一步，将 pom.xml 文件中的打包方式（packaging）设置为 jar，如图 8-10 所示。

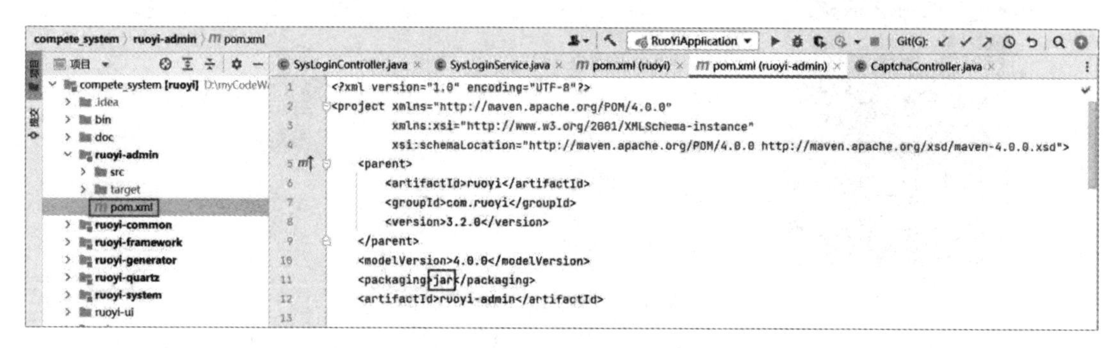

◎ 图 8-10 在 pom.xml 文件中设置打包方式

第二步，通过 IntelliJ IDEA 的 Maven 插件打包生成 JAR 文件。

（1）在 IntelliJ IDEA 中找到 Maven 插件，选择“ruoyi”模块中“生命周期”模块下的“clean”选项，如图 8-11 所示，执行 Maven 插件中的 clean 操作。在 clean 操作执行成功后，可以在控制台中看到如图 8-12 所示的提示。

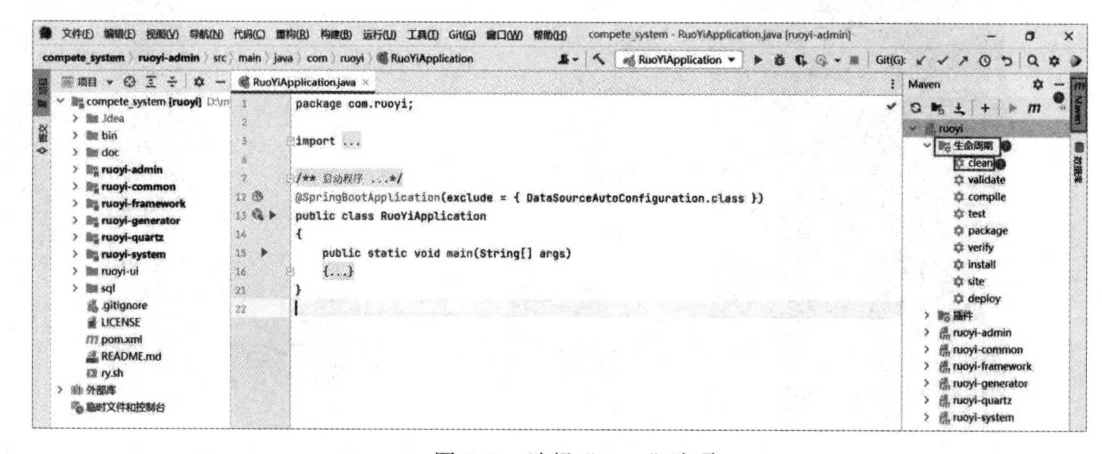

◎ 图 8-11 选择“clean”选项

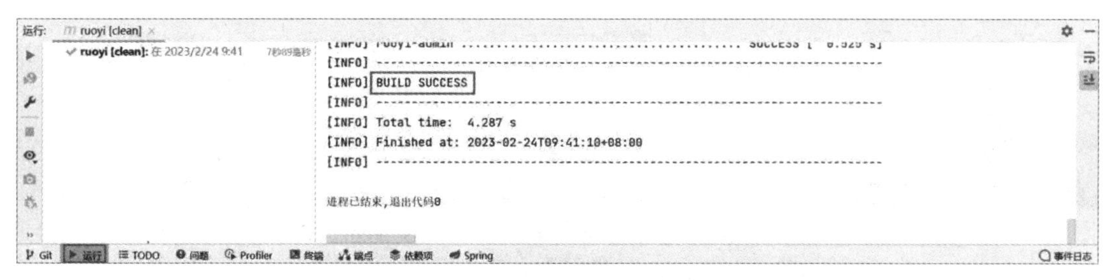

图 8-12 clean 操作执行成功后的提示

（2）选择“ruoyi”模块中“生命周期”模块下的“package”选项，如图 8-13 所示，执行 Maven 插件中的 package 操作。在 package 操作执行成功后，可以在控制台中看到如图 8-14 所示的提示。

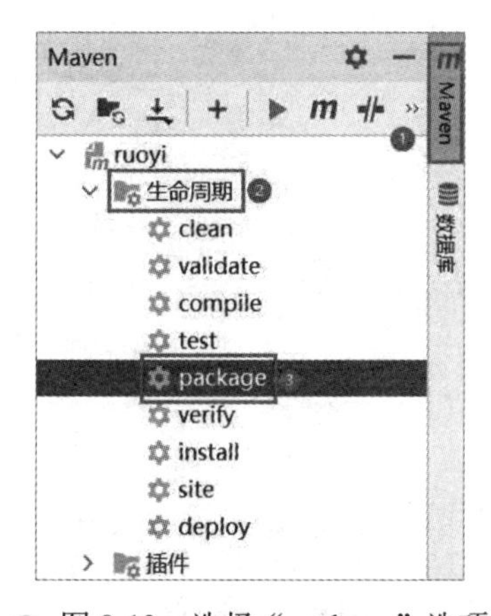

图 8-13 选择“package”选项

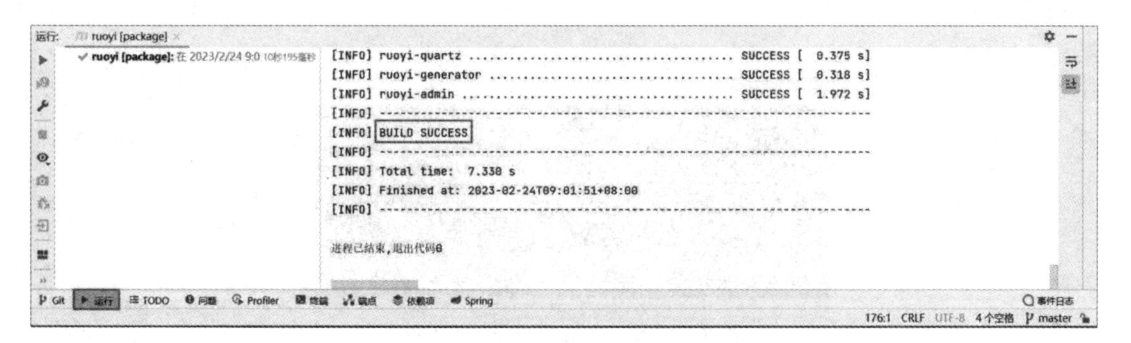

图 8-14 package 操作执行成功后的提示

打包生成的 JAR 文件会默认保存在项目的 ruoyi-admin\target 目录下，如图 8-15 所示。

第三步，打开 phpStudy 的根目录，如图 8-16 所示，再将上一步生成的 JAR 文件复制到根目录下。

DATA (D:) > myCodeWare > compete_system > ruoyi-admin > target

名称	修改日期	类型	大小
classes	2023/2/21 10:57	文件夹	
generated-sources	2023/2/21 10:53	文件夹	
maven-archiver	2023/2/23 20:04	文件夹	
maven-status	2023/2/23 20:04	文件夹	
ruoyi-admin.jar	2023/2/23 20:05	Executable Jar File	71,297 KB
ruoyi-admin.jar.original	2023/2/23 20:04	ORIGINAL 文件	113 KB

◎ 图 8-15　打包生成的 JAR 文件

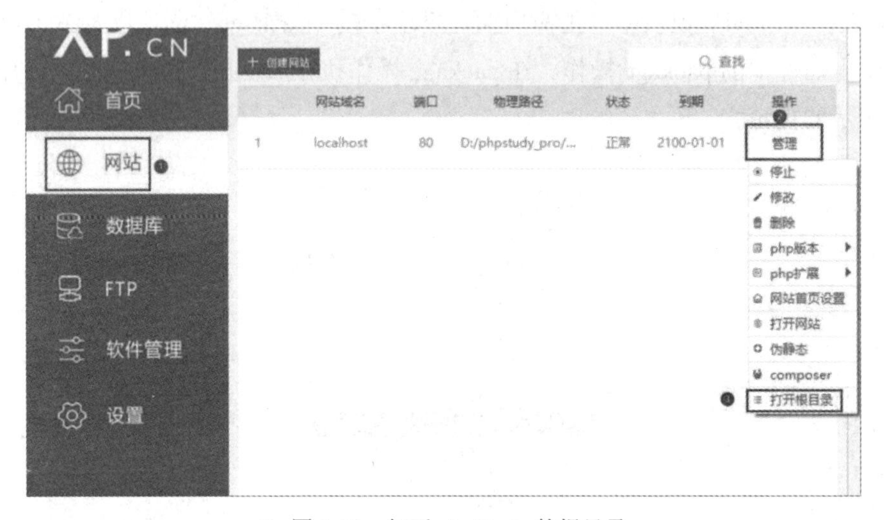

◎ 图 8-16　打开 phpStudy 的根目录

第四步，在“命令提示符”窗口中进入 phpStudy 的 WWW 目录，并执行启动命令，如图 8-17 所示。

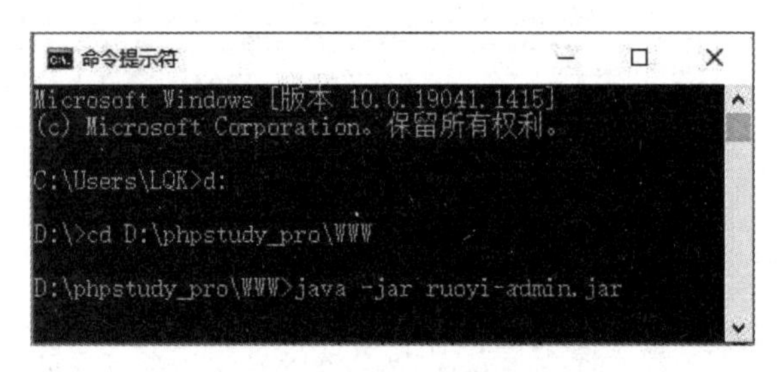

◎ 图 8-17　进入 phpStudy 的 WWW 目录

启动完成后，可以在控制台中看到“若依启动成功”的提示。

4. 部署前端项目

在前端项目开发完成后，在 VS Code 的控制台中执行“npm run build:prod”命令，如图 8-18 所示，即可对前端项目进行打包。

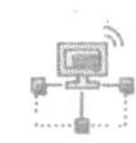

◎ 图 8-18　对前端项目进行打包

打包完成后，会在 ruoyi-ui 目录下生成 dist 文件夹，该文件夹中的文件就是打包生成的文件，通常是静态文件，如图 8-19 所示。

DATA (D:) › myCodeWare › compete_system › ruoyi-ui › dist

名称	修改日期	类型	大小
static	2023/2/24 9:39	文件夹	
favicon.ico	2023/2/24 9:39	Kankan ICO 图像	6 KB
index.html	2023/2/24 9:39	360 se HTML Docu...	10 KB
robots.txt	2023/2/24 9:39	文本文档	1 KB

◎ 图 8-19　前端项目打包生成的 dist 文件夹中的文件

打开 phpStudy 的 WWW 目录，将刚才生成的 dist 文件夹下的所有内容复制到 WWW 目录下，如图 8-20 所示。

DATA (D:) › phpstudy_pro › WWW

名称	修改日期	类型	大小
error	2022/7/27 14:52	文件夹	
phpMyAdmin4.8.5	2023/2/23 19:24	文件夹	
sketchup	2022/11/4 15:50	文件夹	
static	2023/2/24 9:51	文件夹	
favicon.ico	2023/2/24 9:39	Kankan ICO 图像	6 KB
index.html	2023/2/24 9:39	360 se HTML Do...	10 KB
nginx.htaccess	2023/2/24 10:21	HTACCESS 文件	0 KB
robots.txt	2023/2/24 9:39	文本文档	1 KB
ruoyi-admin.jar	2023/2/23 20:05	Executable Jar File	71,297 KB

◎ 图 8-20　将 dist 文件夹下的所有内容复制到 phpStudy 的 WWW 目录下

使用 VS Code 打开 phpStudy 下的 Nginx 配置文件，如图 8-21 所示（注意，读者此时的文件名中的数字可能与图中显示的不同，可以根据实际情况打开 conf 配置文件）。

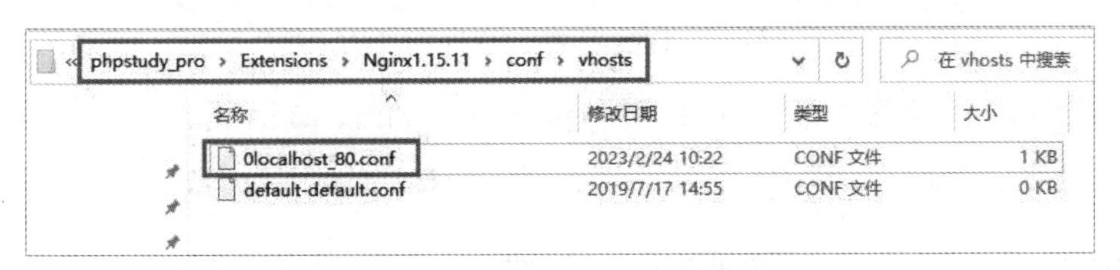

◎ 图 8-21　打开 phpStudy 下的 Nginx 配置文件

在图 8-21 所示的 conf 配置文件内添加以下代码中加了下画线的代码，该代码用于在 Nginx 的 server 模块配置伪静态规则，如图 8-22 所示。

```
server {
        listen       80;
        server_name  localhost;
        root   "D:/phpstudy_pro/WWW";

        location / {
                try_files $uri $uri/ /index.html;
                index  index.html index.htm;
        }

        location /prod-api/ {
                proxy_set_header Host $http_host;
                proxy_set_header X-Real-IP $remote_addr;
                proxy_set_header REMOTE-HOST $remote_addr;
                proxy_set_header X-Forwarded-For $proxy_add_x_forwarded_for;
                proxy_pass http://localhost:8080/;
        }
        ...
```

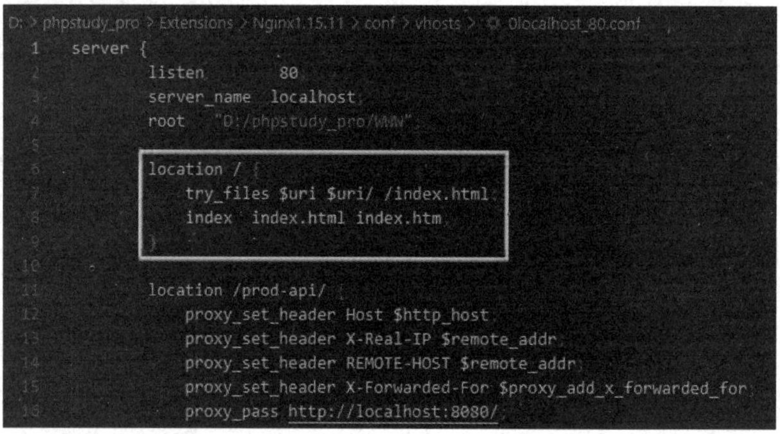

◎ 图 8-22　在 Nginx 的 server 模块配置伪静态规则

在伪静态规则配置完成后，重启本地 Nginx 服务，如图 8-23 所示。

5. 验证部署是否成功

如果系统部署成功，则在浏览器访问“localhost”时将看到如图 8-24 所示的竞赛登记管理系统登录页面。

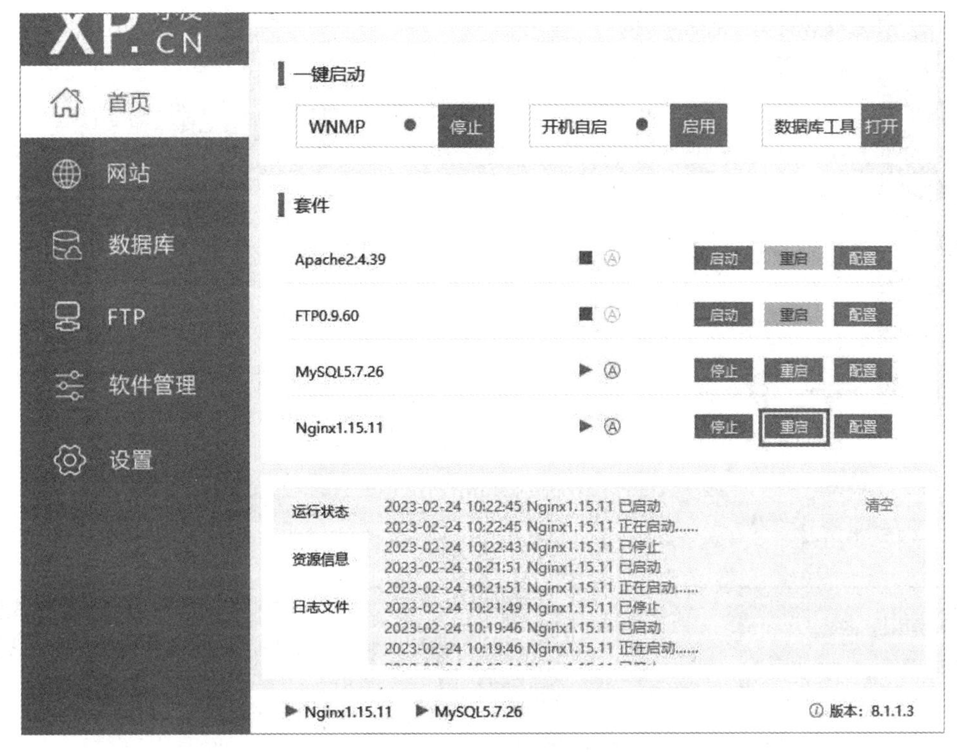

◎ 图 8-23　重启本地 Nginx 服务

◎ 图 8-24　竞赛登记管理系统登录页面

在竞赛登记管理系统登录页面中输入账号和密码，如果成功登录，则表示系统部署已成功，登录成功后跳转的首页如图 8-25 所示。

◎ 图 8-25　登录成功后跳转的首页

【任务评价】

评价项目	评价依据	优秀（100%）	良好（80%）	及格（60%）	不及格（0%）
任务理论背景（20 分）	清楚任务要求，解决方案清晰（10 分）				
	能够正确解释前端与后端的部署方式（10 分）				
任务实施准备（30 分）	能够根据图 8-1 所示的流程图详细阐述每个部署环节（30 分）				
任务实施过程及效果（50 分）	完成前端项目与后端项目的实际部署，让系统在脱离 IntelliJ IDEA 和 VS Code 等编辑器的情况下正常运行（50 分）				

总结归纳

本单元介绍了基于 Spring Boot 框架和 Vue.js 框架开发的项目的部署方式，部署的过程中关键涉及后端项目部署和前端项目部署。在对后端项目进行部署时，采用的是 JAR 包部署方式；在对前端项目进行部署时，本质上是将 .vue 格式的开发文件转换成 HTML、CSS、JS 等网页原生文件。在部署的过程中，还要注意正确配置 Nginx 的伪静态规则，让前端与后端实现正确对接。

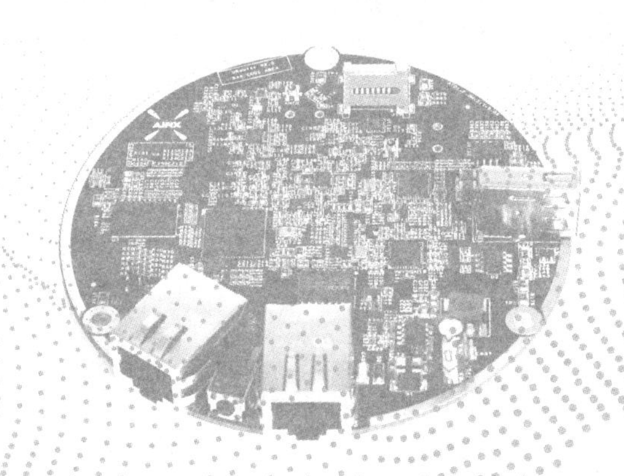

参考文献

[1] 克雷格・沃斯 . Spring Boot 实战 [M]. 北京：人民邮电出版社，2021.

[2] 王松 . Spring Boot+Vue 全栈开发实战 [M]. 北京：清华大学出版社，2019.